A LIBRARY OF
DOCTORAL
DISSERTATIONS
IN SOCIAL SCIENCES IN CHINA

中国
社会科学
博士论文
文库

周代生态环境保护思想研究

李金玉 著

导师 姜建设

中国社会科学出版社

图书在版编目(CIP)数据

周代生态环境保护思想研究／李金玉著．—北京：中国社会科学出版社，2010.12
ISBN 978-7-5004-9406-5

Ⅰ.①周… Ⅱ.①李… Ⅲ.①生态环境—环境保护—思想史—中国—周代 Ⅳ.①X171.1-092

中国版本图书馆 CIP 数据核字（2010）第 244930 号

策划编辑	郭沂纹
特约编辑	晁天义
责任校对	石春梅
技术编辑	李 建

出版发行	中国社会科学出版社		
社　　址	北京鼓楼西大街甲158号	邮　编	100720
电　　话	010—84029450（邮购）		
网　　址	http://www.csspw.cn		
经　　销	新华书店		
印　　刷	北京新魏印刷厂	装　订	广增装订厂
版　　次	2010年12月第1版	印　次	2010年12月第1次印刷
开　　本	880×1230　1/32		
印　　张	8.5	插　页	2
字　　数	218千字		
定　　价	26.00元		

凡购买中国社会科学出版社图书，如有质量问题请与本社发行部联系调换
版权所有　侵权必究

作者简介

李金玉 男,汉族,1968年12月生,河南新乡人。河南新乡学院历史系副教授。河南省历史学会理事,河南省教育厅学术技术带头人,河南省高校青年骨干教师,河南省文明教师。先后毕业于河南师范大学历史系、陕西师范大学历史文化学院、郑州大学历史学院,分别获得历史学学士、硕士、博士学位。主要从事中国古代思想文化史研究与教学,至今公开发表学术论文16篇,主持参与省级、厅级课题11项,合著出版《正说明朝三百年》,主编教材2部。

内容简介

周秦时代生态环境保护的思想和实践不仅受到国内学术界的普遍关注，而且也深得国外学术界的高度评价。但是目前学术界对于这一时期生态环境保护思想及实践的研究依然是片面和分散的，缺乏全面、系统的研究和必要的整合，使人们很难从整体上对周秦时代生态环境状况的演变、生态环境保护思想和实践的产生和发展以及导致生态环境恶化的诸种因素等有一个全面、清晰的认识。所以对这一时期的生态环境保护思想和实践进行一次全面、系统的整理和研究是十分必要的。

本书运用历史学的方法，同时借鉴历史地理学、考古学、人类学、社会学、文字学、哲学、经济学的成果，首次较为系统、全面地对周秦时代生态环境保护的思想和实践进行了探索，使这一漫长时期的生态环境状况、生态环境保护思想的发展脉络、生态环境保护思想的内容和生态环境保护的实践等情况完整、清晰地呈现在读者面前。同时，在大量确凿史料的支持下，对目前关于这一时期生态环境思想研究中存在的不足乃至错误观点进行了补充和纠正。

《中国社会科学博士论文文库》
编辑委员会

主　　任：李铁映
副 主 任：汝　信　江蓝生　陈佳贵
委　　员：（按姓氏笔画为序）
　　　　　王洛林　王家福　王缉思
　　　　　冯广裕　任继愈　江蓝生
　　　　　汝　信　刘庆柱　刘树成
　　　　　李茂生　李铁映　杨　义
　　　　　何秉孟　邹东涛　余永定
　　　　　沈家煊　张树相　陈佳贵
　　　　　陈祖武　武　寅　郝时远
　　　　　信春鹰　黄宝生　黄浩涛
总 编 辑：赵剑英
学术秘书：冯广裕

总　序

在胡绳同志倡导和主持下，中国社会科学院组成编委会，从全国每年毕业并通过答辩的社会科学博士论文中遴选优秀者纳入《中国社会科学博士论文文库》，由中国社会科学出版社正式出版，这项工作已持续了12年。这12年所出版的论文，代表了这一时期中国社会科学各学科博士学位论文水平，较好地实现了本文库编辑出版的初衷。

编辑出版博士文库，既是培养社会科学各学科学术带头人的有效举措，又是一种重要的文化积累，很有意义。在到中国社会科学院之前，我就曾饶有兴趣地看过文库中的部分论文，到社科院以后，也一直关注和支持文库的出版。新旧世纪之交，原编委会主任胡绳同志仙逝，社科院希望我主持文库编委会的工作，我同意了。社会科学博士都是青年社会科学研究人员，青年是国家的未来，青年社科学者是我们社会科学的未来，我们有责任支持他们更快地成长。

每一个时代总有属于它们自己的问题，"问题就是时代的声音"（马克思语）。坚持理论联系实际，注意研究带全局性的战略问题，是我们党的优良传统。我希望包括博士在内的青年社会科学工作者继承和发扬这一优良传统，密切关注、深入研究 21 世纪初中国面临的重大时代问题。离开了时代性，脱离了社会潮流，社会科学研究的价值就要受到影响。我是鼓励青年人成名成家的，这是党的需要，国家的需要，人民的需要。但问题在于，什么是名呢？名，就是他的价值得到了社会的承认。如果没有得到社会、人民的承认，他的价值又表现在哪里呢？所以说，价值就在于对社会重大问题的回答和解决。一旦回答了时代性的重大问题，就必然会对社会产生巨大而深刻的影响，你也因此而实现了你的价值。在这方面年轻的博士有很大的优势：精力旺盛，思想敏捷，勤于学习，勇于创新。但青年学者要多向老一辈学者学习，博士尤其要很好地向导师学习，在导师的指导下，发挥自己的优势，研究重大问题，就有可能出好的成果，实现自己的价值。过去 12 年入选文库的论文，也说明了这一点。

什么是当前时代的重大问题呢？纵观当今世界，无外乎两种社会制度，一种是资本主义制度，一种是社会主义制度。所有的世界观问题、政治问题、理论问题都离不开对这两大制度的基本看法。对于社会主义，马克思主义者和资本主义世界的学者都有很多的研究和论述；对于资本主义，马克思主义者和资本主义世界的学者也有过很多研究和论述。面对这些众说纷纭的思潮和学说，我们应该如何认识？从基本倾向看，资本主义国家的学者、政治家论证的是资本主义的合理性和长期存在的"必然性"；中国的马克思主义者，中国的社会科学工作者，当然要向世界、向社会讲清楚，中国坚持走自己的路一定能实现现代化，中华民族一定能通过社会主义来实现全面的振兴。中国的问题只能由中国人用自己的理论来解决，让外国人来解决中国的问题，是行不通的。也许有的同志会说，马克思主义也是外来的。但是，要知道，马克思主义只是在中国化了以后才解决中国的问题的。如果没有马克思主义的普遍原理与中国革命和建设的实际相结合而形成的毛泽东思想、邓小平理论，马克思主义同样不能解决中国的问题。教条主义是不行的，东教条不行，西教条也不行，什么教条都不行。把学问、理论当教条，本身就是反科学的。

在 21 世纪，人类所面对的最重大的问题仍然是两大制度问题：这两大制度的前途、命运如何？资本主义会如何变化？社会主义怎么发展？中国特色的社会主义怎么发展？中国学者无论是研究资本主义，还是研究社会主义，最终总是要落脚到解决中国的现实与未来问题。我看中国的未来就是如何保持长期的稳定和发展。只要能长期稳定，就能长期发展；只要能长期发展，中国的社会主义现代化就能实现。

什么是 21 世纪的重大理论问题？我看还是马克思主义的发展问题。我们的理论是为中国的发展服务的，决不是相反。解决中国问题的关键，取决于我们能否更好地坚持和发展马克思主义，特别是发展马克思主义。不能发展马克思主义也就不能坚持马克思主义。一切不发展的、僵化的东西都是坚持不住的，也不可能坚持住。坚持马克思主义，就是要随着实践，随着社会、经济各方面的发展，不断地发展马克思主义。马克思主义没有穷尽真理，也没有包揽一切答案。它所提供给我们的，更多的是认识世界、改造世界的世界观、方法论、价值观，是立场，是方法。我们必须学会运用科学的世界观来认识社会的发展,在实践中不断地丰富和发展马克思主义,只有发展马克思主义才能真正坚持马克思主义。我们年轻的社会科学博士们要以坚持和发展马克思主义为己任,在这方面多出精品力作。我们将优先出版这种成果。

2001年8月8日于北戴河

目 录

序 …………………………………………… 姜建设 (1)

绪论 ……………………………………………………… (1)
 一 课题研究的意义 ………………………………… (2)
  (一)现实意义 ……………………………………… (2)
  (二)历史意义:鉴往知来——传统思想的启迪 …… (9)
  (三)学术价值 ……………………………………… (16)
 二 研究现状及存在问题 …………………………… (18)
 三 研究方法及拟解决问题 ………………………… (30)
  (一)坚持马克思主义的理论指导地位 …………… (30)
  (二)历史分析与学科交叉的研究方法 …………… (36)
  (三)拟解决的问题 ………………………………… (37)
 四 相关概念的说明与界定 ………………………… (38)

第一章 周代生态环保思想的历史文化渊源 ………… (41)
 第一节 远古文化中的生态环保因素 ……………… (42)
  一 文化遗留对理解生态文化的作用 …………… (42)
  二 从万物有灵观到图腾崇拜:初民的生态
    保护 ……………………………………………… (44)
 第二节 生态环境保护思想的历史传承 …………… (51)
 第三节 农业文明与生态环境保护思想 …………… (56)
 第四节 对自然界认知水平的提高:阴阳五行思想 …… (60)

第二章 公元前11至前5世纪的生态环境状况 ……(67)
第一节 农业发展水平与生态环境 ……(68)
一 农业生产工具 ……(68)
二 农业生产技术 ……(70)
第二节 人口、战争与生态环境 ……(73)
一 人口与生态环境 ……(73)
二 战争与生态环境 ……(75)
第三节 保持良好的生态环境状况 ……(78)
一 草地植被状况 ……(78)
二 森林茂密,树种多样 ……(82)
三 野生动物资源丰富,品种繁多 ……(87)

第三章 初露端倪的生态环境问题 ……(93)
第一节 农业生产发展对生态环境的影响 ……(93)
第二节 战争对生态环境的破坏 ……(97)
第三节 社会活动对生态环境的影响 ……(102)
一 狩猎活动 ……(103)
二 营造活动 ……(105)
三 厚葬风气 ……(107)
第四节 自然灾害导致的生态环境问题 ……(110)
第五节 人口对生态环境的影响 ……(115)

第四章 生态环境保护思想之滥觞 ……(119)
第一节 人与自然关系认识的升华:"天人合一" ……(119)
第二节 应时而生的生态环境保护思想 ……(127)
一 重视生态环境的思想 ……(128)
二 生态环境保护思想的内容 ……(133)
三 老子的生态环境保护思想 ……(137)

四　孔子的生态环境思想 …………………………… (139)
第三节　生态环境保护的初步实践 ………………………… (141)
　一　生态环境保护机构和官员的设置 ……………… (141)
　二　法令、法规的颁布 ……………………………… (145)
　三　种草植树 ………………………………………… (146)

第五章　公元前 5 至前 3 世纪：日益严重的生态环境问题 ……………………………………………… (148)
第一节　社会生产力发展对生态环境的影响 ……………… (149)
　一　战国时期农业生产水平的提高 ………………… (149)
　二　开垦荒地对生态环境的改造 …………………… (157)
第二节　人口骤增对生态环境的影响 ……………………… (161)
第三节　战争对生态环境的巨大破坏 ……………………… (166)
第四节　导致生态环境恶化的其他相关因素 ……………… (169)
　一　大规模的田猎活动 ……………………………… (170)
　二　浩大的营建工程 ………………………………… (172)
　三　厚葬风气的盛行 ………………………………… (173)
第五节　社会剧变中的生态环境状况
　　　——兼论周代不是生态的"黄金时代" ………… (175)
　一　生态资源严重匮乏 ……………………………… (175)
　二　生活条件恶劣 …………………………………… (177)
　三　对前代美好生态环境的怀念 …………………… (177)
　四　对周代是生态"黄金时代"之质疑 …………… (179)

第六章　蔚然成风的生态环境保护思想 ………………… (182)
第一节　诸子关于"天人关系"探讨的新成就 …………… (182)
　一　"我为天之所欲，天亦为我之所欲"：墨子的天人观 ……………………………………………… (183)

二 "存其心,养其性,所以事天也":孟子对天人
　　　　关系的探讨 …………………………………（186）
　　三 "人与天一也":庄子的"天人合一"思想 ……（187）
　　四 "明于天人之分":荀子对天人关系的客观
　　　　分析 ……………………………………………（190）
　第二节 诸子的生态环境保护思想 …………………（193）
　　一 尊重、善待自然万物 ……………………………（194）
　　二 以时禁发 …………………………………………（197）
　　三 取之有度 …………………………………………（201）
　第三节 《管子》:趋同走势中生态环保思想的总结 ……（203）
　　一 关于天人关系的讨论 ……………………………（204）
　　二 对自然环境及其重要性的认识 …………………（205）
　　三 保护生态环境的思想内容 ………………………（207）
　　四 保护生态环境的措施 ……………………………（209）
　　五 对破坏生态环境行为的批判 ……………………（210）
　第四节 百川归海:《吕氏春秋》对生态环保思想的
　　　　大汇总 …………………………………………（211）
　　一 关于天人关系的阐述 ……………………………（213）
　　二 生态环境保护思想 ………………………………（215）

第七章 更加深入具体的生态环境保护实践 ……………（221）
　第一节 生态环保机构和官员的广泛设置 …………（221）
　第二节 保护生态环境的禁令及措施 ………………（227）
　第三节 生态环境保护法律的制定 …………………（230）

结语 ………………………………………………………（238）
参考书目 …………………………………………………（242）
后记 ………………………………………………………（251）

序

姜建设

　　李金玉同志的《周代生态环境保护思想研究》一书，在其博士学位论文的基础上，经过三年多时间的修改，终于要付梓出版，作为他攻读博士学位时的指导老师，我很高兴为之作序。

　　当今世界发展迅速，日新月异，处处展现着人类社会发展过程中所取得的辉煌成就。但是这种成就是以牺牲人类赖以生存的生态环境作为代价的，而且，人类已经在不断地遭受大自然的报复，屡屡发生的灾难告诫人类对生态环境的破坏已经到了临界点，如果照此下去，人类必将遭受灭顶之灾！这绝不是危言耸听！

　　严峻的形势，迫使人类不得不重新反省人与自然的关系。早在20世纪中期，西方学术界已经掀起了生态环境史研究的热潮，西方学者在西方思想史中，居然很难找到令人满意的探讨人与自然关系的内容。于是他们把目光转向东方，转向中国，令他们惊奇和感叹的是，早在遥远的中国周代，已经存在大量的探讨人与自然关系、保护生态环境的思想内容，这使他们不得不对中国古代思想刮目相看！

　　生态环境问题是人类社会发展过程中必然要面对的问题，不论过去、现在还是将来，人类始终不可能离开自然环境去发展。

所以，人类社会也必然始终要面对它，探讨它。受诸种因素的影响，我国古人在先秦时期已经开始就人与自然的关系问题展开了讨论，并且不断地深化和系统，这是十分超前的，也令我们每一个华夏子孙感到自豪！

对古代的生态环境保护思想进行研究，是当今历史学研究一个新的热点，也必将为史学研究带来新的生机。众所周知，历史学是一门古老的学说，但是自古以来，历史学就存在重人事轻自然的弊端，人类与自然的关系并未得到应有的重视，尽管中国古代有着丰富的生态环境保护思想，却始终被束之高阁，无人问津。生态环境史的兴起，具有极为重要的学术意义！在新兴的生态环境史研究中，历史学比其他学科具有更加明显的优势，将担任更为重要的角色，这势必会推动历史学在新时期的发展和完善，必定会推动历史学总体性的进步。

国内学术界在20世纪80年代兴起了古代生态环境保护思想研究的热潮，至今成果颇丰，但也存在很多问题。如很多研究集中在秦汉及其以后时期，而对先秦的生态环境保护思想缺乏系统研究，致使很多成果如无源之水，很难清晰地说明问题。李金玉同志的博士论文对周代的生态环境保护思想进行了大力的探索和较为系统的讨论，在方法和内容上均有创新之处。

首先，该书较为成功地实现了跨学科合作。能否跨越人文社会科学和自然科学的界限顺利实现学科交叉是本书的难点。目前学科细分，各学科的研究对象、理论和方法之间存在着较大差异，导致沟通起来难度越来越大。只有广泛学习和借鉴，吸收其它学科的理论、知识、技术和方法，才能充分发挥各学科的优势，顺利完成研究。本书研究内容涉及历史学、考古学、文化人类学、文字学、哲学、生态学、历史地理学等学科，足见其涉猎广泛。

其次，在研究中采取了要素分析与历史分析相结合的方法。

形成生态环境保护思想的因素是多元的,如农业文明、图腾崇拜、阴阳五行等;导致生态环境发生变化的因素也很多,如气候、自然灾害、人口、战争、农业生产、社会生活等。对此,本书均做了深刻剖析,比较有说服力。

再次,本书以周代的生态环境保护思想作为中心,其他的研究内容主要围绕着这一中心进行。在此基础上,深入探讨了生态环境保护思想的起源,理顺其发展脉络;同时探讨了周代生态环境的状况及其变化和引起变化的原因,这是周代生态环境保护思想产生最为直接的原因;逐渐系统的生态环境保护思想和不断变化的生态环境又促成了生态环境保护具体实践的形成。做到了每个内容紧密联系,条理清晰,结论明确。

李金玉同志长期从事中国古代思想文化史的研究,具有较为扎实的史学功底。随我读博期间,他克服困难,静心读书,勤学好问,刻苦钻研,收集了大量一手资料,先后撰写、发表了数篇有关周代生态环境保护思想的学术论文。在此基础上,他于2006年撰写完成了博士论文,并顺利地通过了盲审和论文答辩,且受到同行专家的好评。现在他的学位论文即将出版,对于促进此领域的研究无疑是一件好事。希望金玉同志在此基础上,继续深入探究,潜心钻研,取得更为丰硕的成就。

是为序。

2010 年 3 月

绪　　论

　　发展经济和保护环境两者之间存在着密切的联系，由一味发展经济而忽视生态环境保护所导致的恶果，很多国家已经品尝，还有很多国家正在被迫吞下。无论如何，当今世界正日益走向经济一体化，因此，生态环境保护也必然是个全球问题，生态环境问题已经成为当今世界关注的焦点。许多国家都采取了积极措施，制定相关的法律法规，以保护生态环境；学者们更是为此著书立说，奋声疾呼，以唤醒民众的生态环境保护意识。生态环境的恶化，从本质上说绝不是某个国家、某个地区的问题，而是一个全球性问题；也不是一朝一夕的问题，而是有一个日积月累的过程，所以，生态环境保护是一个长期的和艰巨的任务。

　　尽管生态保护的口号是现代人提出来的，但是大量的史料告诉我们，生态环境问题古已有之。我们的祖先不仅早已认识到生态环境和人类的密切关系，认识到保护生态环境的重要性，而且制定了相关的法令，并采取了积极的保护措施。这些思想和实践散见于传世文献或考古材料，其远见卓识历久弥新、洞烛古今，具有重要的历史价值，这是一个等待我们去开启的智慧宝库。目前学界关于周代生态环境保护思想的研究成果颇为丰富，但尚缺乏全面、系统的研究。本文将就周代生态状况、生态保护思想内容、生态保护的实践等问题作一较为全面的探讨，期望能给今天的生态环境保护提供一些有益的借鉴。

一 课题研究的意义

本课题的研究,既有重要的现实意义,也有深远的历史意义,还有重要的学术价值。一方面,生态环境保护问题是当今全球关注的热点问题,更是我国目前必须重视的问题,党的十七大报告明确提出要"建设生态文明",目的在于促进我国生态环境质量明显改善,促进生态文明观念在全社会牢固树立。因此,建设生态文明,是深入贯彻落实科学发展观、全面建设小康社会的必然要求和重大任务。另一方面,我国古代有着极为丰富的生态环境保护的思想和实践,并在古代社会发展过程中发挥过重要作用,它早已引起很多国外学者的重视和尊敬,对这些思想和实践进行挖掘和研究,无疑具有重要的历史意义。

(一)现实意义

1. 促进人与自然关系的反思

人类本身产生于自然界,人类的生存也必然依赖于自然环境。如果失去或破坏了自然环境,人类的生存就会受到威胁,对此,我们必须有清醒的认识。马克思早就说过:"人本身是自然界的产物,是在他们的环境中并且和这个环境一起发展起来的。"[①] "人靠自然界生活。这就是说,自然界是人为了不致死亡而必然与之不断交往的、人的身体。所谓人的肉体生活和精神生活同自然界相联系,也就等于说自然界同自身相联系,因为人是自然界的一部分。"[②] 人类社会的发展历史实质上就是一部人与自然环境的关系史,正如马克思所说:"历史可以从两方面来考

---

① 《马克思恩格斯全集》(第20卷),人民出版社1979年版,第38—39页。
② 《马克思恩格斯全集》(第42卷),人民出版社1979年版,第95页。

察，可以把它划分为自然史和人类史。但这两方面是密切联系的，只要有人存在，自然史和人类史就彼此相互制约。"[1]

所以，自从人类出现以后，人类就开始了对人与自然关系的认识和思考。因为人类是影响生态环境的主要因素，所以，如何处理人和自然的关系是一个非常重要的问题。

但是长期以来，人类并没有处理好自身与生态环境的关系，在人类发展史上，人与自然的关系经历了由和谐到失衡、再到和谐的螺旋式上升过程。在原始社会，由于人类社会的生产力水平十分低下，人与自然"和谐共处"，但这种和谐更多地表现为人对自然的敬畏和被动服从，和谐关系的主导因素是自然。到了农业文明时期，人与自然关系在整体上保持和谐的同时，也出现了阶段性的、区域性的不和谐。随着人口的增加和生产力水平的逐步提高，人类开始不满足于自然的庇护和统治，在利用自然的同时试图改造和改变自然，而这种改造和改变往往伴随着很大的盲目性、随意性和破坏性。工业文明的出现，使社会生产力有了质的飞跃，人类利用自然的能力极大提高。这时，人类对自然的态度也发生了根本改变，由"利用"变为"征服"，"人是自然的主宰"的思想占据了统治地位。在这种思想支配下，对自然的征服和统治变成了对自然的掠夺和破坏，对自然资源无节制的大规模消耗带来污染物的大量排放，最终造成自然资源迅速枯竭和生态环境日趋恶化，能源危机、环境污染、水资源短缺、气候变暖、荒漠化、动植物物种大量灭绝等灾难性后果直接威胁到人类的生存与发展，人与自然的和谐也面临着有史以来最严峻的挑战。

在经受了惨痛的教训之后，现代人不得不反思人和自然的关系，痛定思痛，我们今天对于这个问题的重要性终于有了较为清醒的认识，汤因比指出："我们从未见过任何单个的人或者人类

---

[1] 《马克思恩格斯全集》（第3卷），人民出版社1960年版，第20页。

可以超越他在生物圈中的生命而存在。如果生物圈不再能够作为生命的栖身之地，正如我们所知，人类就将遭到种属灭绝的命运，所有其他生命形式，也都将遭受这种命运。"① 卡特和戴尔认为："不管是文明人还是未开化的野蛮人，都是大自然的子孙，不是自然的主人，他们欲想保持起相对于环境的优势，就必须使自己的行为符合自然规律。当他们试图打破自然法则时，通常只会破坏自身赖以生存的自然环境。一旦环境迅速恶化，人类的文明也就随之衰落了。"② 拉夫尔则说："我们属于自然的一部分，而并非远离自然的一部分，在与自然的相处中，我们应当谦恭，而不应傲慢，我们下决心同自然和谐相处，而决非斗争。"③ 中国前国家环保总局局长曲格平也指出："人类是自然界的一部分……（人的）能动性和创造性，只有符合自然规律才是有意义和持久的，如果无节制地向自然界掠夺和榨取，就一定会受到自然界的惩罚。"④ 持类似观点的中外学者举不胜举，足以说明现代人对生态环境问题的一致重视。

人类的生存与发展依赖于自然，同时人类文明的进步也影响着自然的结构、功能与演化。人类对生态环境所能产生的影响是生活在地球上的所有生物中最大的，正如恩格斯所说："地球的表面、气候、植物界、动物界以及人类本身都不断地变化，而且这一切都是由于人的活动。"⑤ 卡特等人也说："文明人的智慧和

---

① [英]阿诺德·汤因比：《人类与大地母亲》，徐波等中译本，上海人民出版社 2001 年版，第 6 页。

② [美]弗·卡特、汤姆·戴尔：《表土与人类文明》，庄崚等中译本，中国环境科学出版社 1987 年版，第 3 页。

③ [圭亚那]施里达斯·拉夫尔：《我们的家园：地球——为生存而结为伙伴关系》，夏堃堡中译本，中国环境科学出版社 1993 年版，第 1 页。

④ 余谋昌：《生态哲学》，陕西人民教育出版社 2000 年版，序言。

⑤ 恩格斯：《自然辩证法》，《马克思恩格斯选集》（第 3 卷），人民出版社 1972 年版，第 551 页。

多方面的才能使得他们能够做任何其他动物从来不能做到的事情,即大幅度地改变生存环境并且使自身依然生存繁衍。"①

拉夫尔说道:"人类是这个大家庭之中的婴儿,是地球这个花园中的新客。但是,在将这个古老的花园变好和变坏方面,我们已比地球上任何物种做的事情都多。"② 但是人与自然环境的关系是互相的,人类在利用、改造甚至掠夺自然环境的同时,它同时也会对人类的行为作出回应——既有可能施惠于人类,也有可能对人类的过分行为进行报复。尽管人类对自然环境的重要性有所认识,但是人类更容易陶醉于征服自然后的胜利,"文明人几乎总是能暂时地变成他们所在环境的主人。悲剧在于人类的幻觉认为这种暂时的支配权是永恒的。人类自以为是'世界的主人',却不能准确地理解自然的法则。"③ "我们轻轻巧巧的夸口征服自然,其实自然已经定下界限叫我们不能越雷池一步。"④尤其在人类文明飞速发展的时候,自然环境对于人类的重要性这个至关重要的问题便会被抛到九霄云外,"技术的进步,特别是1773年至1973年这最近200年的进步,极大地增加了人类的财富和力量,人类作恶的物质力量与对付这种力量的精神能力之间的'道德鸿沟',像神话中敞开着的地狱之门那样不断地扩大着裂痕"⑤。

---

① [美]弗·卡特、汤姆·戴尔:《表土与人类文明》,庄崚等中译本,中国环境科学出版社1987年版,第3页。
② [圭亚那]施里达斯·拉夫尔:《我们的家园》,夏堃堡中译本,中国环境科学出版社1993年版,第5页。
③ [美]弗·卡特、汤姆·戴尔:《表土与人类文明》,庄崚等中译本,中国环境科学出版社1987年版,第3页。
④ [美]罗伯特·路威:《文明与野蛮》,吕叔湘中译本,生活·读书·新知三联书店1984年版,第293页。
⑤ [英]阿诺德·汤因比:《人类与大地母亲》,徐波等中译本,上海人民出版社2001年版,第526页。

工业革命以来经济的飞速发展、社会财富的极大丰富是有目共睹的，这些成就确实也为人们提供了相应的舒适和满足。但是，正如汤因比指出的："这种伟大成就大多是建筑在自然环境受到损害的基础上的，是以环境污染、生态破坏和资源枯竭为代价的。它耗尽地球资源，扩大了全球的废物库，出现了地球生态的严重赤字。"① 所以卡逊说："当人类向着他所宣告的征服大自然的目标前进时，他已写下了一部令人痛心的破坏大自然的记录，这种破坏不仅仅直接危害了人们所居住的大地，而且也危害了与人类共享大自然的其他生命。"②

人类尽了最大的努力征服大自然，结果反而是人类的生命和财产遭受巨大的损失，惨痛的教训使人们幡然悔悟，开始反躬自省人类对自然的责任和义务。弗伦奇说："人类的生存与发展仍将首要地依赖于大自然。传统经济的一个痼疾就在于它错误地低估了自然生态系统的价值。"③ 拉夫尔指出："我们面对着这样无可争辩的事实。即：为了保持地球适于人类居住的斗争正处于关键时刻。"④ 弗·卡特和汤姆·戴尔认为："人类最光辉的成就却大多导致了奠定文明基础的自然资源的毁灭。"⑤ 苏秉琦也指出："人类文明发展到今天取得巨大成就，是以地球濒临毁灭之灾为代价的。"⑥ 池田大作和贝恰则警告说："人类

---

① 余谋昌：《生态哲学》，陕西人民教育出版社 2000 年版，第 3 页。
② [美] R. 卡逊：《寂静的春天》，吕瑞兰、李长生中译本，科学出版社 1979 年版，第 87 页。
③ [美] 希拉里·弗伦奇：《消失的边界——全球化时代如何保护我们的地球》，李丹中译本，上海译文出版社 2002 年版，第 18—19 页。
④ [圭亚那] 施里达斯·拉夫尔：《我们的家园》，夏堃堡中译本，中国环境科学出版社 1993 年版，序言。
⑤ [美] 弗·卡特、汤姆·戴尔：《表土与人类文明》，庄峻等中译本，中国环境科学出版社 1987 年版，第 3 页。
⑥ 苏秉琦：《中国文明起源新探》，生活·读书·新知三联书店 1999 年版，第 181 页。

今天应当负责任,这是他们贪婪的、缺乏预见性的日常生活的结果。它和核武器的大屠杀这一冲击性的大事件一样,可以导致人类彻底灭亡。"① 余谋昌说:"这个时代,从人与自然、文化与自然的角度,它的两个主要特点,或人类走向新世纪的两大主要遗产是:文化的胜利,自然的失败。"② 而沃斯特则大声疾呼:"应该很清楚了,自然是有极限的……我们应该学会约束我们的人数和欲望。"③ 汤因比则警告说:"人类如果想使自然正常存续下去,自身也要在必需的自然环境中生存下去的话,归根结底必须和自然共存。"④

尽管这些学者来自不同的国家、不同的研究领域,但对这个问题的看法却是如此的一致,恰恰说明生态环境问题已经是一个全球关注的问题。

2. 保护生态环境——全球共同的任务

思想上的共识,促成了行动中的一致,全球范围内保护生态环境的行动开始了。这场行动的功臣之一是美国海洋生物学家莱切尔·卡逊,1962年,她发表了《寂静的春天》,书中描写了一个美国中部城镇由于生态环境的恶化,使原本生机盎然的春天变得一片死寂,甚至连人类自身的生存也受到了威胁。⑤ 该书出版后,立即引起了强烈的反响,使人们认识到了正在不断恶化的生态环境对人类生存的严重威胁。之后,全球对生态环境问题的研

---

① [日]池田大作、[意]奥锐里欧·贝恰:《二十一世纪的警钟》,卞立强中译本,中国国际广播出版社1988年版,第18页。
② 余谋昌:《生态哲学》,陕西人民教育出版社2000年版,第4页。
③ [美]唐纳德·沃斯特:《尘暴:1930年代美国南部大平原》,侯文蕙中译本,三联书店2003年版,第328—329页。
④ [英]汤因比、[日]池田大作:《展望二十一世纪》,荀春生等中译本,国际文化出版公司1985年版,第42页。
⑤ [美]R.卡逊:《寂静的春天》,吕瑞兰、李长生中译本,科学出版社1979年版。

究、讨论活动蓬勃发展起来。

1968年，10个国家30多位关注生态问题的学者和企业家，在意大利的罗马成立了以研究生态问题为宗旨的国际学术性团体——罗马俱乐部。四年后，俱乐部发表了《增长的极限》，认为西方发达国家的经济高速增长将达到极限，随之人类将面临发展的危机，并提出了避免危机产生的"零增长论"。① 虽然该书的悲观主义论调不能被大家接受，但它对于全球性环境问题的分析，却得到了广泛的赞同。它被译成30多种文字，发行几百万册，被全世界1000多所大学当做教材，这说明生态环境问题已经引起了全球的关注。

1972年6月，联合国"人类环境会议"在斯德哥尔摩召开，113个国家和一些国际机构的1300多名代表参加了会议。这次会议第一次把环境问题作为关系人类命运的重大问题提上了世界各国的议事日程，标志着全人类对环境问题的觉醒。会议提交的《只有一个地球》是第一份关于人类环境问题的完整报告，指出了生态环境问题的极端严重性，它所阐述的环境问题对会议产生了很大影响，基本上成为会议的基调。② 这次会议之后，致力于保护自然界、保护包括人类在内的生物生存环境为标榜的"绿色运动"在西方风起云涌；绿党、生态党等绿色组织接踵产生，并且在德国、比利时等国家的议会选举中赢得了相当数量的选票。这些现象充分说明生态环境问题已经成为广大群众普遍关注的焦点。

此后，全球的生态环保运动更加波澜壮阔。1992年6月，联合国"环境与发展"大会在巴西的里约热内卢举行，这次会

---

① ［美］丹尼斯·米都斯：《增长的极限》，李宝恒中译本，吉林人民出版社1997年版。

② ［美］巴巴拉·沃德、雷内·杜博斯：《只有一个地球》，国外公害资料编译组译，石油工业出版社1981年版。

议是继 1972 年联合国"人类环境会议"之后关于世界环境与发展问题规模最大、级别最高的一次国际会议，共有 183 个国家的代表团和其他 70 个国际组织及上万名非政府组织的代表出席了会议。2002 年 8—9 月间，联合国在南非的约翰内斯堡召开了可持续发展世界首脑会议，共有 190 多个政府，5000 多个非政府组织，2000 多个媒体组织与会。

伴随着这么多国际环境会议的召开，许多环境公约和文件相继出台，如《里约环境与发展宣言》、《二十一世纪议程》、《关于森林问题的原则声明》、《联合国气候变化框架公约》和《生物多样性公约》等，这一系列有关环境问题的国际公约和国际文件相继问世，标志着实现人与自然和谐发展成为全球共识。

全世界对生态环境问题的关注，充分说明："未来生态工业文明领先的国家，将主导世界的格局。谁完成了由传统工业文明向生态工业文明的转型，谁就将取得道义、经济、技术和文化上的全面优势。谁的环境问题日趋恶化，谁就在国际关系上日趋被动。"[①] 正如有的学者所说"我们所选择的道路不论是成功的道路还是破灭的道路，它都不会局限于各个孤立的国家和地区，而会将整个人类卷进去"。[②]

（二）历史意义：鉴往知来——传统思想的启迪

中国是一个具有五千多年历史的文明古国，也是一个传统的农业文明国家，是世界重要的农业发源地之一。我国有更加悠久的征服和改造自然环境的历史，在长期和自然的相处中，古人有过大肆破坏生态环境的举动，也因此受到了大自然的惩罚。中华

---

① 潘岳：《环境文化与民族复兴》，《光明日报》2003 年 10 月 29 日。
② ［日］池田大作、［意］奥锐里欧·贝恰：《二十一世纪的警钟》，卞立强中译本，中国国际广播出版社 1988 年版，第 12 页。

民族的先贤经过不懈的探索和思考，总结出了许多保护生态环境的经验教训，产生了许多保护生态环境的思想，这些思想已经被国内外很多学者认识到，甚至备受推崇。

如苏秉琦先生就明确指出："旧石器时代几百万年，人与自然关系是协调的，这是渔猎文化的优势。距今一万年以来，从文明产生的基础——农业的出现，刀耕火种，毁林种田，直到人类文明发展到今天取得巨大成就，是以地球濒临毁灭之灾为代价的。中国是文明古国，人口众多，破坏自然较早也较为严重。而人类在破坏自然以取得进步的同时，也能改造自然，使之更适于人类的生存，重建人类与自然的协调关系。中国拥有在这方面的完整材料。"他还相信"我们也有能力用考古学材料来回答这个问题，这将有利于世界各国重建人类与自然的协调关系"。[1]

著名学者邹逸麟也说："我们从历史文献中，可以发现我国古代统治阶级较早地认识到无节制地向自然界的索取，必将带来自然界的不平衡，最终引发出灾害，而灾害又与社会动荡联系起来，形成了对统治阶级的威胁。因此他们十分强调其统治地区环境的平衡，先秦时代许多哲学家、思想家在他们的著作中提出的天人关系的种种观点，就是人们在实践中对环境认识的反映。这种强烈的环境意识，成为我国传统文化的一个重要部分。"[2]

姬振海也认为："人类与自然为一体，这是生态文化思想的哲学基础。中国古代哲学家早在两千多年前就提出了这种思想，这就是'天人合一'的哲学。"[3]

王正平也认为中国很早就有了生态保护思想，并且在各家学派都有体现："天人之际"即人与自然的关系问题是中国传统哲

---

[1] 苏秉琦：《中国文明起源新探》，三联书店1999年版，第181页。
[2] 邹逸麟：《我国古代的环境意识与环境行为》，载《庆祝杨向奎先生教研六十年论文集》，河北教育出版社1998年版。
[3] 姬振海：《生态文明论》，人民出版社2007年版，第63页。

学的主要问题。不论是儒家还是道家,都以自己的思维方式推崇"天人合一"的思想。① 持相同观点的还有曲格平:"中国长期以来一直深受人口和生态环境问题困扰,远至春秋,近及明清,有关人口、生态的思想也一直绵远不绝。"②

罗桂环等学者经过研究,更进一步更具体地指出:"在我国历史上的经史子集、科学著作、笔记札记、方志实录、诗词歌赋中确实有大量的与环境保护有关的记载和论述。"③

王子今也明确指出:"中国早期史学已经表现出对于生态条件的关注。《禹贡》和《逸周书·王会解》等文献都记录了生态史料。除了对生态环境状况的记述以及对生态环境演变的回顾外,有的古籍遗存也反映了当时人的生态观。《吕氏春秋》、《礼记》、《淮南子》等文献中,都有值得关注的相关内容。"④

从上述学者的论述我们可以肯定,中国古代毫无疑问存在着丰富的生态思想和文化,这些古代生态环境保护思想对于中国古代文明的形成和延续发挥过巨大的作用,正如於贤德评价的那样:"古代中国的生态文化在中华民族的漫长历史进程中发挥着重要的推动作用,它的思想之花曾经结下了灿烂的文明之果,使中华民族在相当长的岁月里走在世界各民族的前列,成为四大文明古国之一。"⑤ 这的确是令我们感到十分自豪的事情。然而,我们今天的生态环境与古代大相径庭,我们研究古代的生态思想意义何在呢?

---

① 王正平:《环境哲学》,上海人民出版社 2004 年版,第 68 页。
② 曲格平、李金昌:《中国人口与环境》,中国环境科学出版社 1992 年版,第 3 页。
③ 罗桂环、王耀先等:《中国环境保护史稿》,中国环境科学出版社 1995 年版,第 14 页。
④ 王子今:《中国生态史学的进步及其意义》,《历史研究》2003 年第 1 期。
⑤ 於贤德:《中国古代生态文化的思想源流》,《嘉兴高等专科学校学报》2000 年第 1 期。

著名生态学家马世骏说过:"研究中国环境问题发展史,看看古人有哪些是做得对的,我们怎样在新的历史条件下继承发扬(当然不是照搬和模仿,更不是复古倒退);有哪些地方做得不对,我们怎样避免重蹈历史的覆辙。这样,可使我们少走弯路,不犯或少犯历史上已经犯过的错误,把我们的环境保护事业和四化建设搞得更好。"①

罗桂环等学者也说:"我们的重点不在于说明古人曾经做些什么,而在于以史为鉴,说明今人需要做什么。"②

无论如何,人类的历史文化都具有一定的历史传承性,古代社会总会遗留给我们一些值得借鉴的东西,了解过去,对我们的今天和未来无疑具有极为重要的指导意义。就像西拉姆说的那样:"我们需要了解过去的5000年,以便掌握未来的100年。"③而包茂宏则认为,研究中国古代的生态环境保护思想甚至对世界文明有着非同寻常的意义,他说:"没有中国环境史研究的大发展,要修成世界环境史几乎是不可能的。"④

目前我国经济建设已经取得了令世人瞩目的伟大成就,物质成果极为丰富,人民的物质生活水平大大提高,综合国力日益增强。但是,和其他经历了这样一个过程的国家一样,经济增长的同时,我国的生态环境也同时遭到了惨重的破坏:"中国的自然环境现状:局部有所改善,总体正在恶化,趋势还在发展。森林破坏、草场退化、耕地锐减、资源短缺、水土流失、物种减少、土壤盐碱化、沙漠化、生态系统生产力下降等,自然生态环境已

---

① 袁清林:《中国环境保护史话》,中国环境科学出版社1990年版,序言。
② 罗桂环、王耀先等:《中国环境保护史稿》,中国环境科学出版社1995年版,第14页。
③ [德]西拉姆:《神祇·坟墓·学者》,刘迺元中译本,生活·读书·新知三联书店1991年版,第452页。
④ 包茂宏:《唐纳德·沃斯特和美国的环境史研究》,《史学理论研究》2003年第4期。

向人们亮出了'黄'牌警告。"① "中国的荒漠化土地已达267.4万多平方公里；全国18个省区的471个县、近4亿人口的耕地和家园正受到不同程度的荒漠化威胁，而且荒漠化还在以每年1万多平方公里的速度在增长。"②

据国家环保总局副局长潘岳说："由于长期不合理的资源开发，环境污染和生态破坏导致我国的环境质量严重恶化，我国已经是世界上环境污染最为严重的国家之一。"③ 更为严重的是，我国原本就存在资源不足的问题，人均耕地、淡水、森林仅占世界平均水平的32%、27.4%和12.8%，石油、天然气、铁矿石等资源的人均拥有储量也明显低于世界平均水平。长此以往，我国必将首先面临资源枯竭的问题，再加上生态环境的恶化，这将会使我国业已取得的经济成就化为乌有，"据中科院测算，目前由环境污染和生态破坏造成的损失已占到GDP总值的15%，这意味着一边是9%的经济增长，一边是15%的损失率。环境问题，已不仅仅是中国可持续发展的问题，已成为吞噬经济成果的恶魔"。④

不仅国内学者忧心忡忡，连国外学者也对中国经济发展对生态环境造成严重破坏的现状提出了忠告，一些负责任的学者指出，中国的生态环境状况不容乐观："如果再不加以整治，人类历史上突发性环境危机对经济、社会体系的最大摧毁，很可能会在不久的将来出现在中国。"⑤ 这些善意的建议应该引起我们的重视，但是与严峻的形势及专家的担忧形成鲜明对比的是，目前

---

① 金鉴明、王礼嫱、毛夏：《自然环境保护文集》，中国环境科学出版社1992年版，前言。
② 金石：《令人震惊的中国环保问题》，《中国新闻·星期刊》2005年第7期（下）。
③ 潘岳：《环境文化与民族复兴》，《光明日报》2003年10月29日。
④ 金石：《令人震惊的中国环保问题》，《中国新闻·星期刊》2005年第7期（下）。
⑤ 同上。

我国部分政府和很多民众的生态意识却很淡薄,生态观念落后,根据学者研究,主要表现在以下几个方面。

"一是公众在环保意识发展与环保现状之间存在着严重的反差:公众普遍对短期的、小范围的、与自身关系密切的环境卫生问题了解度和关注度高,而对长远的、广泛意义的环境保护问题了解度和关注度低。

二是公众对于环境问题的基本态度是:重实际问题而轻人文教育,重直接教育而轻间接教育,重整治轻预防,公众还没有完全把握环境保护的真正内涵。

三是缺乏那种具有宗教情怀的深沉的热爱大自然和热爱生命的意识。

四是没有全国性的环境保护的思潮和运动,缺少民间积极参与环境保护的社会机制,多强调政府有组织、有计划地开展环境保护工作,结果往往是政府中心工作一变,环境保护工作便退而次之,不能形成稳定的环境保护的社会力量和文化环境。

五是环境意识中的错误心理,认为地球就这么大,大家都在以工业活动的方式发展经济,我们少排放一些污染物,环境也不见得好起来,而没有少排放的经济却可能发展得快一些,因而是少排放多吃亏。

六是与生态环境相关的各种学科落后,甚至是空白,因而环境意识缺少诸如生态学、经济生态学、环境科学、环境哲学、环境伦理学、环境管理学等学科的理性支持。"[①]

这些现象必须引起各级相关部门和人民群众的共同关注,首先,生态环境的保护工作是一个长期的任务,只要人类社会存在,要持续不断地发展,就必须时时刻刻把保护生态环境当成一个重要的任务来对待,什么时候忽略了生态环境保护工作,什么

[①] 姬振海:《生态文明论》,人民出版社2007年版,第45—46页。

时候人类就会受到它的惩罚，对此，全人类已经有了深刻教训。其次，生态环境保护工作绝对不能单单依靠政府，政府的能力始终是有限的，我们不能指望它制定出相关的法律法规来约束人们的行为，就能一劳永逸地完成生态环境保护的工作，这是一个需要大家共同自觉参与、同心协力完成的任务。因此，唤醒全体民众的生态环境保护意识，使大家都自觉地加入保护生态环境的行列，也是一个迫切的工作。

与此相对，令我们惭愧的是，我国是一个有着悠久生态环境保护历史的国度。

中国古代的生态环保思想内容丰富，并且对中华文明的持续发展起到过重要的作用，甚至连国外学者都十分重视我国古代的生态思想，如诺贝尔化学奖获得者普里戈金说过："中国文明对人类、社会与自然之间的关系有着深刻的理解。"① 德国学者拉德卡则说："在世界上的任何地区都没有可能像在中国那样追踪持续了几千年的悠久而又深远的环境史——至少在农业和水利的历史上。在古典时代和中世纪的欧洲的范围内都没有如此丰富的文献资源，而印度、非洲和美洲就更不用说。"② 李约瑟也认为它是中国古代文化的宝贵财富，提倡西方学者来研究它。③ 西方学者对中国古代的生态环境保护思想已经进行如此深入的研究，我们自己又怎能熟视无睹呢？

我们已经清醒地看到西方生态危机的对人类社会的恶劣影响，因此我们必须避免这个危机在中国出现，避免中国的经济建

---

① ［比］伊利亚·普里戈金等：《从混沌到有序：人与自然的新对话》，曾庆宏等中译本，上海译文出版社1987年版，第1页。

② ［德］约阿希姆·拉德卡：《自然与权力》，王国豫、付天海中译本，河北大学出版社2004年版，第122页。

③ 参阅李约瑟《中国科学技术史》第2卷，上海古籍出版社1990年版，第13章。

设多走弯路。为此，深入研究探讨、并客观评价中国古代的生态保护思想，总结历史上生态环境保护的经验，从中吸取教训，做到汲古以鉴今，察往而知来，对于唤醒全体民众的生态环保意识，共同解决我们今天所面临的生态问题，是很有必要的。这也是一个历史学者的崇高使命，正如拉德卡所说："环境问题的解决方案常被掩盖在社会和文化的历史，人们必须首先在文化和历史中解读它们。"①

研究探讨中国古代的生态思想，既能促进我们从新的角度来对中国传统文化进行有益的探索，还能弘扬中国传统文化，传播中国古老文明。从学科上讲，生态环境史学的研究又可以扩展历史学者的眼界，拓宽史学研究的领域，推动历史学科的总体性进步，也可以带动相关学科的研究。所以说，从事这一课题的研究，具有十分重要的历史意义和现实意义。

（三）学术价值

现在和将来，生态环境问题都将是全人类首先关注的问题，因此，生态环境史的研究遇到了一个良好的契机，从事这个领域的研究，有着极为重要的学术价值。

首先，生态环境史的研究必定会推动历史学总体性的进步。众所周知，从20世纪80年代开始，随着经济的日益发展，历史学遇到了前所未有的困境。很多历史工作者做了种种努力去改变历史学的尴尬境地，但均收效甚微。严峻的形势要求历史工作者必须广开思路，寻找新的方法和手段，摆脱历史学所面临的困境。而生态环境史的出现，就是新的方法之一。由于历史学者对人类历史有着更为全面的了解，对历史进程有着更深的理解，对

---

① ［德］约阿希姆·拉德卡：《自然与权力》，王国豫、付天海中译本，河北大学出版社2004年版，第10页。

历史发展规律有着客观的认识。因此，在生态环境史学的研究中，历史学比其他学科具有更加明显的优势，将担任更为重要的角色。目前，很多历史学工作者已经投入了这方面的研究，并且取得了很多重要成果，这些新成果势必会推动历史学在新时期的发展和完善。

其次，生态环境史既要研究一定历史时期内生态环境自身的状况及其对人类历史进程的影响，也要探讨人类社会的发展和人类活动对生态环境的影响，以及人类对自身和自然界关系的思考等等。研究这些问题不仅涉及人文科学，而且涉及自然科学。这就要求我们以历史学为起点，同时必须和其他学科如考古学、历史地理学、文字学、文化人类学、生态学等紧密结合，实现跨学科合作。如此，将有利于体现历史学科的价值，具有重要的学术意义。

再次，在生态环境史的研究中，一方面促使历史学能够重新给自己定位，彻底纠正以往史学只重视政治而忽略其他方面问题的错误，真正做到历史为社会服务，为人民服务；另一方面，在和其他各个学科的合作中，可以促使历史学取长补短，汲取营养，加强历史学的理论建设，为生态环境史的研究提供重要的理论指导，这样的研究，必将使历史学更加科学，更有特色，更具生命力。

最后，社会科学研究的优势主要体现在影响甚至改变社会的意识状态。生态环境史研究的直接目的就是希望通过生态环境史的研究，在了解历史上生态环境和人类文明的关系基础上，使整个社会切实明白生态环境对人类自身的重要性，从而唤醒全社会普遍的生态环境保护意识，使人们能够自觉地爱护生态环境。无论是重大决策还是日常生活，都能考虑到生态环境因素，保证人类有一个健康的生态环境，使人类社会能够健康、持续地发展下去，这也正是社会科学研究的学术价值所在。

二 研究现状及存在问题

我国目前的生态环境问题是随着我国经济建设的不断深入而产生的,因此,相对于已经经历了经济迅速发展阶段的西方国家,我国学术界在这一领域的研究起步较晚。直到20世纪80年代,国内学术界才展开了对周代生态环保思想的研究,令人可喜的是这一研究如今已呈蓬勃发展之势,无论是社会科学还是自然科学工作者都对周代的生态环境保护思想表现出了浓厚的兴趣,都在从不同的角度对这一时期的生态环境保护思想进行挖掘和研究。

众所周知,周代是我国古代社会发生剧烈变革的时期,也是中国古代思想文化定型的重要时期,形成于这一时期的思想、文化、制度等都对后世产生了极为深远的影响,生态环境保护思想也是如此。袁清林说:"西周、东周(包括春秋、战国)时期在我国环境保护史上占有极重要的地位,文献资料亦比较丰富,作为重点研究。"① 埃克霍姆甚至认为周代是环境保护的"黄金时代"②。

也许是出于对中国古代思想文化源头的浓厚兴趣,目前学界致力于周代生态环保思想研究的学者人数众多,相关论文、著作也层见叠出,可谓是硕果累累。这些论著从各种角度出发,多学科结合深入具体地对周秦时代的生态环保思想进行了探讨,其情景正如有学者指出的那样,"近十年来,学界对历史上环境变迁研究取得了可喜成绩,在广度和深度方面较前都有长足进步。一些研究摆脱了长期以来囿于文献描述这一缺憾,开始涉及经济、社会、文化、技术等因素与环境变迁之间的互动关系"。③ 综合

---

① 袁清林:《中国环境保护史话》,中国环境科学出版社1990年版,第1页。
② [美]埃克霍姆:《土地在丧失》,黄重生中译本,科学出版社1982年版,第27页。
③ 佳宏伟:《近十年来生态环境变迁史研究综述》,《史学月刊》2004年第6期。

分析上述研究成果，目前学术界对周代生态环境保护思想的研究状况大致体现在以下几个方面。

（一）对周代生态环保思想内容及形成时间的探讨。对某种思想或制度的形成时间做一界定，大概是许多学者的固有习惯。所以很多学者在开始从事生态环境保护思想史的研究时，就将其形成时间作为自己的研究目标。早在20世纪80年代初，朱洪涛就指出："春秋战国时期，保护生物资源的思想，或出于邦国的政策法令，或见于学者们的著书立说，表现得格外活跃。"并从环保官员的设置、保护植物和动物资源以及水资源的禁令等方面展开了论述。[①] 虽然他的文章内容略显简单，但其启迪作用不可忽视。李丙寅进一步指出："环境问题自古就存在，而我国古代人民早在先秦时期，在认识环境的自然规律的基础上提出了不少保护环境的思想理论，从而设置了较完善的环境保护机构，并制订了环境保护法令。"[②] 他对生态环境保护论述的全面、系统超越了前者，但对于具体时间的确定却比较含糊。

之后的时间，仍然有学者在从事这方面的研究，并且取得了一定进步，如郭仁成认为中国早在西周已经有了生态环境保护的实践工作，他说："我国对生态环境有计划的保护实肇端于西周，而盛行于春秋战国。"[③] 袁清林则认为周代是我国生态环境保护的黄金时代："周代在我国环境史上是一个极其重要的朝代。周代普遍建立了相当完善的保护生物资源的体制，制定过法令并较为普遍地得到贯彻执行，因此才使周代在发展生产的同时，较好的地保护了自然环境和自然资源，不愧为'黄金时代'的称号。"[④]

张全明、王玉德也认为周代已经开始了对生态环境的管理保

[①] 朱洪涛：《春秋战国时期的生物资源保护》，《农业考古》1982年第1期。
[②] 李丙寅：《略论先秦时期的环境保护》，《史学月刊》1990年第1期。
[③] 郭仁成：《先秦时期的生态环境保护》，《求索》1990年第5期。
[④] 袁清林：《中国环境保护史话》，中国环境科学出版社1990年版，第23页。

护工作："周代对环境保护的意识已开始萌芽并有多发展，管理水平亦是较高的。"① 持相同观点的还有罗桂环："早在三千年前的西周时期，自然保护就在中国产生了。"② 朱松美也认为："周代不仅诞生了丰富的生态保护思想，而且建立了完善的法规和健全的机制。……周代开启了我国生态保护之先河。"③

而李根蟠经过研究认为：保护和合理利用自然资源的思想"在我国从原始社会过渡到文明社会之初即已出现"。他还深入系统地分析了古人保护和合理利用自然资源思想的基本内容，指出这种理论形成的基础是"天、地、人"的"三才"理论。④ 吕文郁通过研究则认为世界上一些灿烂的古代文明相继消亡的原因主要是由于生态环境遭到破坏所致，而中华文明从未中断的原因在于我们的祖先高度重视生态环境的保护。⑤

可见，上述这些学者都认为中国古代的生态环保思想形成于周代，而且其内容十分丰富，这也正是这一时期的生态环境保护思想值得我们现在格外关注和大力研究的原因。

（二）对周代生态环保思想形成之理论基础的研究。随着周代生态环保思想研究的不断深入，许多学者不再满足于简单地罗列生态保护的内容，转而致力于形成这种思想的理论基础的研究。于是，有的学者借助于一门新兴的学科——生态伦理学，"生态伦理学认为人与自然的关系包含着道德关系，人类应该承认生物和自然界的存在权利，把道德对象的范围从人类社会扩大

---

① 张全明、王玉德：《中华五千年生态文化》，华中师范大学出版社 1999 年版，第 992 页。
② 罗桂环：《中国古代的自然保护》，《北京林业大学学报》2003 年第 3 期。
③ 朱松美：《周代的生态保护及其启示》，《济南大学学报》2002 年第 2 期。
④ 李根蟠：《先秦时代保护和合理利用自然资源的理论》，《古今农业》1999 年第 1 期。
⑤ 吕文郁：《华夏文明与先秦时代的生态环境》，《陕西师范大学学报》1998 年第 3 期。

到整个自然界。为尊重生命和自然界尽自己的道德责任和义务。"① 他们以生态伦理学作为突破口进行了大力的探索,并取得了一些成绩。

余谋昌指出:"中国古代哲学关于'天人合一'、'天道生生'和'仁爱万物'的思想,'道法自然'和'尊道贵德'的思想,'圣人之虑天下莫贵于生'和'与天地相参'的思想,等等,它们对伦理学的理论突破有重要意义。"② 许启贤强调:"'天人合一'的宇宙观、伦理观是中国古代哲学思想和伦理思想的精华之一,是处理人与自然关系最宝贵、最重要的道德原则。"③ 吴宁不仅探讨了"天人合一"的生态伦理意蕴,还着重评价了"天人合一"思想的得失。④ 李祖扬等也认为:"中国古代的环境伦理思想,就其丰富性和深刻性而言,都超过同时代的西方,而在总体上则比西方近代机械论自然观支配下的环境伦理思想更为合理。当然,由于时代的局限,中国古代环境伦理思想也存在缺陷和不足。"⑤ 李树人等人则从崇拜自然和人与自然和谐相处阶段入手,来探索中国古代生态思想的理论基础。⑥ 於贤德则从原始文化入手,通过分析图腾崇拜的形成和发展,力图找到中国古代生态文化的思想源流,⑦ 也为我们研究周代的生态环保思想提供了新的

---

① 余正荣:《生态智慧论》,中国社会科学出版社1996年版,第254页。
② 余谋昌:《我国历史形态的生态伦理思想》,《烟台大学学报》1999年第1期。
③ 许启贤:《中国古人的生态环境伦理意识》,《中国人民大学学报》1999年第4期。
④ 吴宁:《天人合一的生态伦理意蕴及其得失》,《自然辩证法研究》1999年第12期。
⑤ 李祖扬、杨明:《简论中国古代的环境伦理思想》,《南开学报》2001年第4期。
⑥ 李树人、阎志平、侯桂英:《中国古代的生态伦理观》,《河南农业大学学报》2000年第12期。
⑦ 於贤德:《中国古代生态文化的思想源流》,《嘉兴高等专科学校学报》2000年第3期。

思路。

（三）从法律法规着手，对周代的生态环保法律进行专门的研究。或许是进行这方面的研究要求学者既要具备法律专业的素质，又要具备历史专业的根底，难度略高的缘故，从这一角度探讨周秦时代生态思想的文章并不太多，但是即使是这不多的文章，其作用也不可忽视，以为它们从新的视角为我们提供了研究这一课题的新方法和新思想，使我们能更深入准确地发现和理解中国古代生态环保思想的内容及内涵。

如姜建设教授在这方面的研究就很有指导意义，他首先肯定了古代环境法客观存在的事实，接着断定："古代中国的环境法规最早出现可能是在商鞅变法时期。"然后他又根据秦国环境法的内容考察其形成的文化渊源，认为"古代社会的环境禁忌是秦国环境法的源头之一，换句话说，秦国的环境法规直接取材于古代社会的环境禁忌，古代环境禁忌直接启迪了秦国环境法的订立"。最后，他还详细分析了环境法形成的现实原因。① 可以说，他的论文是此方面研究颇具观察力和说服力的代表作。此外，车今花也就这一问题做了探讨，但其一方面只是罗列了诸如《月令》和《田律》等的内容，另一方面又讨论了汉唐时期的生态法律，所以未能就周秦时代的环境法做深入的研究。② 南玉泉的文章存在同样的缺陷，他也仅仅对周秦时代的《田律》和《月令》做了简单的罗列而未做进一步的挖掘，所以也没有从根本上说明环境法的产生及实施等方面的问题。③

---

① 姜建设：《中国古代的环境法：从朴素的法理到严格的实践》，《郑州大学学报》1996 年第 6 期。
② 车今花：《中国古代保护经济可持续发展的法律》，《湖南大学学报》2000 年第 2 期。
③ 南玉泉：《中国古代的生态环保思想与法律规定》，《北京理工大学学报》2005 年第 2 期。

（四）从社会经济角度对周代生态环境保护思想进行探讨。生态环境问题和经济发展密切相关，或者说，生态问题伴随着经济的发展而产生。所以，许多学者尝试着从这方面着手，来更加深入广泛地探讨周代的生态保护思想。

古开弼指出，周代已经开始认识到山林是重要的社会财富，但是当时山林已经遭到严重破坏，于是有识之士发出了保护山林的呼吁，并建立了保护山林的机构。[①] 倪根金则开创性地探讨了周代对森林具有保持水土、护堤固坝、保护野生动植物以及毁林与灾害的关系的认识。[②] 杨霞蓉则撰文探讨了周代的山林管理意识、山林管理措施以及周代的植树造林思想。[③] 易钢认为："我国古代人民在长期的农业生产实践中创造了特殊的生态农业观"，"而且还把这种思想积极付诸实践，形成特殊的富有成果的生态农业模式。"[④]

陈朝云通过讨论先秦时期的气候和农业生产状况，指出当时农业生产的迅速发展对生态环境产生的破坏作用，然后探讨了先秦时期的生态保护法令和措施。[⑤] 殷光熹从研究《诗经》中的田猎诗入手，探讨了周代的动物生态状况和周代的狩猎情况，并进一步讨论了周代的生态保护措施。[⑥] 胡坚强、任光凌等人则通过论述中国古代的"天人合一"思想，指出"天人合一"思想对古代林业保护思想的形成具有重要的理论指导作用。[⑦]

[①] 古开弼：《试述我国古代先秦时期林业经济思想及其现实意义》，《农业考古》1984年第2期。

[②] 倪根金：《试论中国历史上对森林保护环境作用的认识》，《农业考古》1995年第3期。

[③] 杨霞蓉：《略论周代的山林管理》，《学术月刊》1997年第11期。

[④] 易钢：《中国古代生态农业观探讨》，《齐鲁学刊》1998年第2期。

[⑤] 陈朝云：《用养结合：先秦时期人类需求与生态资源的平衡统一》，《河南师范大学学报》2002年第6期。

[⑥] 殷光熹：《〈诗经〉中的田猎诗》，《楚雄师范学院学报》2004年第1期。

[⑦] 胡坚强、任光凌等：《论天人合一与林业可持续发展》，《林业科学》2004年第5期。

（五）对诸子百家生态环保思想的研究。由于诸子百家思想在中国思想史上的深远影响，再加之诸子思想比较集中和明显，因此，对诸子百家的生态环保思想的研究呈现出最为繁荣的景象。学者们仁者见仁，分别就儒家、道家、法家、墨家等诸子百家的生态思想进行了深入广泛的探讨，下面分别作一简要介绍。

由于儒家思想在整个中国乃至世界范围的重要影响，对儒家生态保护思想进行研究的学者人数最多，成果也最为丰富。有的学者针对儒家学派的生态思想展开讨论，如郭书田简要地对儒家生态思想做了初步探讨，[①] 黄晓众则从儒家生态思想的出发点、主要内容、根本要求及现实意义等方面进行了论述，[②] 朱松美对儒家生态思想的社会渊源展开了讨论，[③] 何怀宏从"行为规范"、"支持精神"和"相关思想"三方面对儒家生态思想做了较深入的探讨，[④] 而王小健则从儒家的"生态道德理性"和"生态实践理性"两个方面进行了阐述。[⑤]

2002年8月5日，著名学者任继愈、汤一介、杜维明、余敦康、蒙培元、余谋昌等参加的"儒家与生态"研讨会在北京举行，与会学者纷纷就儒家的生态思想发表了独到的看法，在学术界产生了较大的影响。[⑥]

这次会议更加有力地推动了对儒家生态思想的研究。之后，常新、史耀媛不仅讨论了儒家生态思想的哲学基础，还指出了儒

[①] 郭书田：《浅谈儒家的生态保护意识》，《生态农业研究》1998年第2期。
[②] 黄晓众：《论儒家的生态伦理观及其现实意义》，《贵州社会科学》1998年第5期。
[③] 朱松美：《先秦儒家生态伦理思想发微》，《山东社会科学》1998年第6期。
[④] 何怀宏：《儒家生态伦理思想述评》，《中国人民大学学报》2000年第2期。
[⑤] 王小健：《儒道生态思想的两种理性》，《大连大学学报》2001年第3期。
[⑥] 《儒家与生态》，《中国哲学史》2003年第1期。

家生态思想的局限性,① 刘厚琴则把目光转向儒家的生态农学观,从新的角度对儒家生态思想进行了论述,② 乐爱国则撰文从"人道论"、"结构论"、"生态观"等方面对儒家生态思想进行了研究,③ 汤一介先生从"易,所以会天道、人道也"的角度对儒家生态思想进行了探讨,④ 孟昭红、李学丽则理性地指出了儒家生态思想中的消极因素。⑤

另外,还有学者从儒家诸子入手,对孔子、孟子、荀子的生态思想做了研究,如鲍延毅较早就撰文对孔子的生态思想及其影响进行了研究,⑥ 张云飞则对孟子的生态思想进行了探讨,⑦ 曾林以天人关系为出发点探讨了荀子的生态思想,⑧ 刘婉华在探讨荀子的生态思想的同时,还力图从中找到解决当代生态危机的启示,⑨ 高春花则从生态道德观、生态自然观和生态价值观等方面对荀子的生态思想进行了论述,⑩ 蒲沿洲从"自然环境的变迁"、"爱物、时养"思想、"天人合一"思想等方面研究了孟子的生态

---

① 常新、史耀媛:《儒家生态观的理性解读及其重建》,《唐都学刊》2003年第2期。
② 刘厚琴:《先秦儒家的生态农学观》,《唐都学刊》2003年第3期。
③ 乐爱国:《儒家生态思想初探》,《自然辩证法研究》2003年第12期。
④ 汤一介:《儒家思想与生态问题》,《中国文化研究》2004年夏之卷。
⑤ 孟昭红、李学丽:《略论儒家伦理中的生态消极因素》,《哈尔滨工业大学学报》2004年第6期。
⑥ 鲍延毅:《孔子的生态伦理观及其对后世的影响》,《中华文化论坛》1995年第三期。
⑦ 张云飞:《试析孟子思想的生态伦理学价值》,《中华文化论坛》1994年第3期。
⑧ 曾林:《生态理念的闪光——荀子天人关系思想的当代辨析》,《娄底师专学报》2001年第3期。
⑨ 刘婉华:《荀子的生态观及其对解决现代环境危机的启示》,《苏州城市建设环境保护学院学报》2001年第4期。
⑩ 高春花:《荀子的生态伦理观及其当代价值》,《道德与文明》2002年第5期。

思想，① 从认识论、自然观、生态平衡观、生态和谐观等方面探讨了荀子的生态思想，② 限于篇幅，相关的文章不能一一列举。综上可见，学者们对儒家生态思想的研究非常全面和具体，这不仅证实儒家思想中蕴涵着丰富的生态环境保护思想，也反映出儒家生态思想在中国古代生态思想中的重要性和对今天的启迪作用。

对道家生态思想的研究虽然不如儒家之欣欣向荣，却也呈现出一幅方兴未艾的景象。陈明绍撰写了一系列文章，较为全面、具体地探讨了老子的生态环境保护思想，③ 陈瑞台从生态和谐思想、生态伦理思想、生态技术思想和生态美学思想几方面对庄子的生态思想进行了发掘，④ 刘元冠对老庄"天人合一"、"道法自然"和"知止"等思想中所蕴涵的生态思想作了论述，⑤ 赵春福、郜爱红则从"天人合一"的生态环境观、"自然无为"的生态原则和"慈""俭"等生态规范展开了研究，⑥ 谢阳举、方红波从环境哲学的角度对庄子生态环境哲学原理进行了研究，⑦ 白才儒通过研究认为"道和性是《庄子》生态宇宙观的两个重要基石，万物平等、保性重生等生态思想和伦理规范都是从其中演

---

① 蒲沿洲：《论孟子的生态环境保护思想》，《河南科技大学学报》2004年第2期。
② 蒲沿洲：《荀子的生态环保思想探析》，《中国矿业大学学报》2004年第3期。
③ 陈明绍：《老子其人其书》、《"道"和生态环境系统》、《维护生态系统良性循环之"道"》、《化污染为资源"道"》、《战争是对生态系统最严重的破坏》，上述论文分载于《民主与科学》1997年第2—6期。
④ 陈瑞台：《〈庄子〉自然环境保护思想发微》，《内蒙古大学学报》1999年第3期。
⑤ 刘元冠：《老庄道家思想的生态观念》，《湖南环境生物职业技术学院》2001年第2期。
⑥ 赵春福、郜爱红：《道法自然与环境保护》，《齐鲁学刊》2001年第2期。
⑦ 谢阳举、方红波：《庄子环境哲学原理要论》，《西北大学学报》2002年第4期。

绎出来的",[1] 张文彦则比较研究了儒家和道家的自然观,[2] 姜葵则认为庄子的自然观是中国思想宝库中最有价值、最有活力的生态理论。[3]

李卫朝根据道教的"道法自然"、"齐同万物"、"重人贵生"等教义探讨了道教环保思想中的人本主义内容,[4] 曾繁仁通过分析老庄"天人之际"、"冲气以和"的理论,从"道法自然"、"无为无欲"等观点出发,深入论述了道家的生态环境保护思想,[5] 史向前则结合道教教义进行研究,认为道教的"洞天福地"境界是生态保护的理想模式、"生道合一"的修养方法是人与自然和谐的根本途径,[6] 白才儒从分析上古神道传统入手,认为道教的生态宇宙观、生态伦理思想和生态控制思想发源于上古神道传统,[7] 曹剑波也结合道教的教义,对道教的生态思想做了一番探讨。[8]

相对于儒道的盛况,对墨家和法家生态思想的研究就显得较为冷清。至今为止对墨家和法家生态思想进行研究的文章只有区区几篇:王建荣认为墨家的主张如"非攻、兼爱、尚义、节俭、非乐等,虽然古远,但是与现代环境保护理论密切关联"。[9] 任

---

[1] 白才儒:《试论庄子深层生态思想》,《宗教学研究》2003年第4期。
[2] 张文彦:《论先秦儒家与道家的自然观及历史观》,《史学理论研究》2003年第3期。
[3] 姜葵:《论庄子的自然观与环境保护》,《贵州财经学院学报》2003年第4期。
[4] 李卫朝:《道教环境保护思想中的人本主义》,《中国道教》2003年第5期。
[5] 曾繁仁:《老庄道家古典生态存在论审美观新说》,《文史哲》2003年第6期。
[6] 史向前:《道教的人生追求与环境保护》,《安徽大学学报》2004年第4期。
[7] 白才儒:《上古神道传统与道教生态思想》,《中华文化论坛》2005年第2期。
[8] 曹剑波:《道教生态思想探微》,《中国道教》2005年第3期。
[9] 王建荣:《试论墨子学说与环保之关系》,《运城高等专科学校学报》2002年第4期。

俊华、周俊武则认为墨家的"节用而非攻思想包蕴着积极的可持续发展、维护现有生命多样性的生态保护思想"。[1]李永铭也断定墨家的兼爱、节用思想包含着丰富的环境保护思想。[2]张子侠对商鞅环保思想中的重要内容"刑弃灰于道者"的原因进行了探讨,[3]蒲沿洲则从内容和措施两方面讨论了商鞅的生态环保思想。[4]

除此之外,还有许多学者对《管子》和《吕氏春秋》中多蕴涵的生态环境保护思想进行了研究。戴吾三认为《管子》书中已经对山林具有的生态保护作用有了深刻的认识,并制定了保护措施。[5]樊宝敏也对管子的林业管理思想进行了探讨。[6]曹俊杰提出"《管子》中包含了丰富的可持续发展思想,如尊重自然规律、保护自然资源等思想,并作了较为详细的论述"。[7]王培华则在探讨《管子》中自然资源和经济社会发展关系的基础上论述了社会发展和保护环境的关系。[8]吕逸新、王朝侠则就《管子》生态思想的基础、原则和内容进行了论证。[9]

而陈宏敬通过耐心的发掘,整理出了《吕氏春秋》所蕴涵的人与自然关系思想,[10]李志坚则认为《吕氏春秋》"把环境包

---

[1] 任俊华、周俊武:《节用而非攻:墨子生态伦理智慧观》,《湖湘论坛》2003年第1期。
[2] 李永铭:《墨子的环境观》,《职大学报》2004年第1期。
[3] 张子侠:《商鞅为何"刑弃灰于道者"》,《淮北煤师院学报》1994年第2期。
[4] 蒲沿洲:《商鞅生态环保思想初探》,《西安联合大学学报》2004年第1期。
[5] 戴吾三:《略论〈管子〉对山林资源的认识和保护》,《管子学刊》2001年第1期。
[6] 樊宝敏:《管子的林业管理思想初探》,《世界林业研究》2001年第2期。
[7] 曹俊杰:《管子可持续发展思想研究》,《管子学刊》2002年第4期。
[8] 王培华:《管子关于自然资源与经济社会发展关系的表述析论》,《广东社会科学》2002年第5期。
[9] 吕逸新、王朝侠:《管子的生态伦理观》,《管子学刊》2003年第2期。
[10] 陈宏敬:《〈吕氏春秋〉的自然哲学》,《中国哲学史》2001年第1期。

括人类在内看做是一个有机之整体，主张取用资源要有度有节"，在此基础上对该书的生态环保思想进行了阐述。[①] 对二者的研究无疑是对周秦时代生态思想研究的很好完善。

除了上述成果外，许多专家学者的相关论著也都涉及了周秦时代的生态环保问题，如邓云特的《中国救荒史》（北京出版社，1986年版）详细统计了周秦时代的各种灾荒次数，这些灾荒与当时的生态状况有极大的联系。竺可桢的《中国近五千年来气候变迁的初步研究》（《考古学报》，1972年第1期）对周秦时代的气候变迁做了概括性的介绍，他的结论至今对研究生态环境史的学者仍有很大的指导作用。史念海《历史时期黄河中游的森林》[②] 和《黄河中游森林的变迁及其经验教训》[③] 两文对周秦时代的森林植被及破坏状况做了详尽的描述。陈伟武的《从简帛文献看古代生态意识》[④] 则系统地总结了古代简帛文献的生态思想，为这方面的研究提供了材料上的帮助和启发。

尽管如此，周代生态环保思想的研究仍然存在许多不足之处。首先表现在至今没有一本专门针对周代生态思想进行研究的著作问世，已出版的诸多思想史著作中根本就不涉及生态思想，而其他相关著作如前文提到的佘正荣《生态智慧论》、袁清林《中国环境保护史话》、罗桂环、王耀先等《中国环境保护史稿》、张全明、王玉德《中华五千年生态文化》等，都是就中国古代历代王朝和思想家的生态保护思想和措施等进行探讨，因而往往把周代的生态保护思想和实践作为一个章节来论述，所以未

---

① 李志坚：《论〈吕氏春秋〉的环境思想》，《濮阳教育学院学报》2003年第2期。
② 史念海：《河山集》（第2集），生活·读书·新知三联书店1981年版，第232—313页。
③ 史念海：《河山集》（第3集），人民出版社1988年版，第136—143页。
④ 《简帛研究》第三辑，广西教育出版社1998年版，第134—140页。

能更加深入、全面、细致地探索这一时代的生态思想及相关问题，这样的问题同样存在于上述论文中。

其次是鲜有把生态思想的渊源、生态状况以及促成生态思想形成的各种社会因素结合起来进行探讨的论著，虽然上述论文、著作都有涉及，但却没有一部（篇）能将这些因素结合在一起进行讨论，使相关结论较为单一，不具备足够的说服力。

再次是不能从整体上宏观看待这一时期的生态思想，未能把握周代生态思想和实践的变化，所以往往得出一些静止的、不具备活力的结论，难免给人一种死搬史料、简单拼凑的感觉。

第四是很多学者因为民族自豪感而沉醉于中国古代（包括周代）丰富的生态思想，导致出现过于乐观的倾向，从而不能客观地认识和评价反而夸大了周代生态思想的作用。这是我们研究中国古代思想文化尤其要避免出现的问题。

三　研究方法及拟解决的问题

（一）坚持马克思主义的理论指导地位

生态环境保护思想研究，不仅要继承中国古代思想的优良传统，也要继承和发扬马克思思想体系中的生态环保内容，使之成为生态环保研究的基本理论和指导思想。近几年来，国内学者对马克思生态环保思想的研究不够广泛和深入，日本学者岩佐茂就批评中国学者对马克思主义环境理论的探讨"是极不充分的"。[①]因此我们必须深入研究马克思主义思想体系中的生态环保内容，以指导我们的生态环保工作。

许多西方学者认为生态环境问题是 20 世纪后期出现的新问

---

① ［日］岩佐茂：《环境的思想：环境保护与马克思主义的结合处》，韩立新等中译本，中央编译出版社 2006 年版，第 104 页。

题，而形成于19世纪的马克思主义中是不可能包含生态环保思想的，如安纳·布拉姆维尔认为"生态学者是非人类中心主义的，而马克思……不喜欢自然界"，① 从而企图否定马克思主义中的生态环保思想内容，"有些绿色主义者批评社会主义，说它是危险的。他们尤其迫不及待的对那些被他们指责为企图把生态学挪进马克思主义之中去的人进行了抨击"。② 有的学者甚至把马克思当做"人类中心主义"的代表加以批判，"马克思和恩格斯把人类放在了一个太主动的和重要的位置上，而把自然界放在了一个太消极和被动的位置上"。③

但是也有学者认为马克思主义思想体系中包含生态环保思想，奥康纳指出："虽然马克思和恩格斯本人不是生态经济学家，但他们都清楚地意识到了资本主义对资源、生态及人类本性的破坏作用。"④ 弗罗洛夫则说："无论现在的生态环境与马克思时代所处的情况多么不同，马克思对这个问题的理解、他的方法、他解决社会和自然相互作用问题的观点，在今天仍然是非常现实而有效的。"⑤

马克思主义思想体系中确实包含了丰富的生态环保思想，首先体现在其对人和自然的相互关系有了充分认识。

1. 人与自然密切联系、相互制约。马克思说："历史可以从两方面来考察，可以把它划分为自然史和人类史。但这两方面是密切联系的，只要有人存在，自然史和人类史就彼此相互制

---

① ［美］詹姆斯·奥康纳：《自然的理由——生态学马克思主义研究》，唐正东、臧佩洪中译本，南京大学出版社2003年版，第3页。
② 同上书，第426页。
③ 同上书，第9页。
④ 同上书，第196页。
⑤ ［苏］H. T. 弗罗洛夫：《人的前景》，王思斌中译本，中国社会科学出版社1989年版，第153页。

约。"① "人靠自然界生活。这就是说,自然界是人为了不致死亡而必然与之不断交往的、人的身体。所谓人的肉体生活和精神生活同自然界相联系,也就等于说自然界同自身相联系,因为人是自然界的一部分。"②

马克思指出自然界是人赖以生存的基础,肯定了自然界对于人类的重要作用。马克思还认为,人类产生于自然界,人类的发展和自然环境息息相关,"人本身是自然界的产物,是在他们的环境中并且和这个环境一起发展起来的。"③ "我们同我们的肉、血和头脑一起都是属于自然界,存在于自然界的。"④

人和自然界的关系密不可分,环境决定人的存在,人类的活动也必然要受到自然环境的制约和限制。生态环境学家强调自然环境因素在历史发展中的作用,认为它是历史中一个活跃的因素,这样的历史观念,和马克思主义关于人类社会的发展离不开自然条件的原理是一致的。

2. 尊重自然,与自然和睦相处。马克思说:"人们创造自己的历史,但他们并不是随心所欲地创造。"⑤ 因为人是自然界的产物并且靠自然界生活,所以人类在发展过程中必须尊重自然,掌握客观规律,在符合它要求的条件下来发展,来创造人类的历史,而不能随心所欲、肆意妄为,"我们统治自然界,绝不像征服者统治异民族一样,绝不像站在自然界以外的人一样——相反地,我们同我们的肉、血和头脑一起都是属于自然界,存在于自然界的;我们对自然界的整个统治,是在于因为我们比其他一切

---

① 《马克思恩格斯全集》(第3卷),人民出版社1960年版,第20页。
② 《马克思恩格斯全集》(第42卷),人民出版社1979年版,第95页。
③ 《马克思恩格斯全集》(第20卷),人民出版社1979年版,第38—39页。
④ 《马克思恩格斯选集》(第3卷),人民出版社1972年版,第518页。
⑤ 《马克思恩格斯选集》(第1卷),人民出版社1972年版,第603页。

动物强，能够认识和正确运用自然规律"。① 只有人类能够认识自然规律，掌握和运用自然规律，所以只有人类才能正确处理人类生存乃至发展过程中和自然的关系，而不是只顾人类的发展，忽视自然规律，随心所欲地去征服自然、破坏自然环境。

3. 人对于自然界的能动作用。马克思认为："主体是人，客体是自然。"② 他着重强调人对于自然的积极能动作用，"社会化的人，联合起来的生产者，将合理地调节他们和自然界的物质交换，把它置于他们的共同控制之下，而不让它作为盲目的力量来统治自己，靠消耗最小的力量，在最无愧于和最适合于他们的人类本性的条件下来进行这种物质交换"。③ 人尊重自然，绝不是因为人在自然面前是无能为力的，反之，只有人类能够充分发挥其主观能动性，合理地利用自然、改造自然。所以人类才更需要尊重自然，爱护自然。

其次表现在对人类社会发展过程中破坏生态环境行为的批判。长期以来，人类在发展过程中急功近利，导致犯下过度利用开发自然资源、破坏生态环境的严重错误。对此，马克思恩格斯有着深刻的认识，恩格斯说："到目前为止存在过的一切生产方式，都只在于取得劳动的最近的、最直接的有益效果。那些只是在以后才显现出来的，由于逐渐的重复和积累才发生作用的进一步的结果，是完全被忽视的。"④

人类对于自然掠夺式的利用和开发，虽然取得了自身的进步和巨大的物质成就，但是辉煌的背后却潜伏着巨大的隐患，恩格斯指出："我们不要过分陶醉于我们对自然界的胜利。对于每一次这样的胜利，自然界都报复了我们。每一次胜利，在第一步都

---

① 《马克思恩格斯选集》（第3卷），人民出版社1972年版，第518页。
② 《马克思恩格斯全集》（第46卷上），人民出版社1979年版，第22页。
③ 《马克思恩格斯全集》（第25卷），人民出版社1979年版，第926—927页。
④ 《马克思恩格斯选集》（第3卷），人民出版社1972年版，第519页。

确实取得了我们预期的结果，但在第二步和第三步却有了完全不同的、出乎预料的影响，常常把第一个结果又取消了。美索不达米亚、希腊、小亚细亚以及其他各地的居民，为了想得到耕地，把森林都砍完了，但是他们梦想不到，这些地方今天竟因此成为荒芜不毛之地，因为他们使这些地方失去了森林，也失去了积聚和贮存水分的中心。阿尔卑斯山的意大利人，在山南坡砍光了在北坡十分细心地保护的松林，他们没有预料到，这样一来，他们把他们区域里的高山畜牧业的基础给摧毁了，他们更没有预料到，他们这样做，竟使山泉在一年中的大部分时间内枯竭了，而在雨季又使更加凶猛的洪水倾泻到平原上。"[1] 同样，"当西班牙的种植场主在古巴焚烧山坡上的森林，认为木炭作为能获得最高利润的咖啡树的肥料足够用一个世代时，他们怎会关心到，以后热带的大雨会冲掉毫无掩护的沃土而只留下赤裸裸的岩呢？"[2] 正是由于人类盲目地毁坏森林，才导致水土流失乃至洪水暴发。

对于工业发展所造成的生态危机和环境污染，马克思、恩格斯同样给予了批判。恩格斯说："英国藏铁丰富的矿山过去很少开采，溶解铁矿石的时候总是用木炭，而由于森林砍伐殆尽和农业发展，木炭的产量愈来愈少，价钱也愈来愈贵。"[3] 马克思也说："文明和产业的整个发展，对森林的破坏从来就起很大的作用，对比之下，对森林的护养和生产，简直不起作用。"[4]

恩格斯还详细描述了工业革命时代的工业污染："位于曼彻斯特西北11英里的波尔顿算是这些城市中最坏的了。……即使在天气最好的时候，这个城市也是一个阴森森的讨厌的大窟

---

[1] 《马克思恩格斯选集》（第3卷），人民出版社1972年版，第517—518页。
[2] 同上书，第520页。
[3] 恩格斯：《英国工人阶级状况》，人民出版社1956年版，第46页。
[4] 马克思：《资本论》（第2卷），人民出版社1975年版，第272页。

窿。"① "（小爱尔兰）这里的空气由于成打的工厂烟囱冒着黑烟，本来就够污浊沉闷的了……在这种难以想象的肮脏恶臭的环境中，在这种似乎是被故意毒化了的空气中，在这种条件下生活的人们，的确不能不下降到人类的最低阶段。"② 一方面是物质成果的丰富，另一方面却是生态环境的极端恶劣。对于这种不可持续发展的做法，马克思、恩格斯早在19世纪就已经敲响了警钟，但是这并未引起处于高速发展中的人类的重视，直到今天生态环境问题在全世界爆发。面对伟人经典中流露在字里行间的生态环保思想，我们只能汗颜和惭愧。

由于马克思、恩格斯所处时代的生态环境问题远不如我们今天严重，所以他们不可能对其进行专门、系统的研究。但是作为伟大的思想家，他们的思维是那么的敏捷，哪怕初显端倪的生态环境问题，也能被他们迅速发现，所以奥康纳说："在他们的视域中，人类历史和自然界的历史无疑是处在一种辩证的相互作用关系之中的，他们认识到了资本主义的反生态本质，意识到了建构一种能够清楚地阐明交换价值和使用价值的矛盾关系的理论的必要性。至少可以说，他们具备了一种潜在的生态学社会主义的理论视域。"③ "恩格斯的有些言语的确也显示出他已经'以一种环境主义的意识预见了生态科学的出现'。"④

的确如此，恩格斯相信人类一定会随着科学的进步认识到生态环境保护的重要性，他说："事实上，我们一天天学会更加正确地理解自然规律，学会认识我们对自然界的惯常行程的干涉所引起的比较近或比较远的影响。特别从本世纪自然科学大踏步前

---

① 恩格斯：《英国工人阶级状况》，人民出版社1956年版，第80页。
② 同上书，第99页。
③ [美]詹姆斯·奥康纳：《自然的理由——生态学马克思主义研究》，唐正东、臧佩洪中译本，南京大学出版社2003年版，第6页。
④ 同上书，第199页。

进以来，我们就愈来愈能够认识到，因而也学会支配至少是我们最普通的生产行为所引起的比较远的自然影响。但是这种事情发生得愈多，人们愈会重新的不仅感觉到，而且也认识到自身和自然界的一致，而那种把精神和物质、人类和自然、灵魂和肉体对立起来的荒谬的、反自然的观点，也就愈不可能存在了。"① 这是何等的高瞻远瞩！既然马克思主义已经给我们辩证地阐明了人类历史发展与自然环境的互动关系，那么，我们就应以之为指导，来进行生态环境保护的研究和实践。

（二）历史分析与学科交叉的研究方法

思想史的研究是一项既复杂又艰难的工作，葛兆光说过："思想史无疑是一个边界不定的研究领域，它需要社会史、政治史、经济史、文化史、宗教史等为它营构一个叙述的背景，也需要研究者在种种有文字的无文字的实物、文献、遗迹中，细心地体验思想所在的历史语境。因此，它不可能笼罩各种历史，但它却可以容纳更多的资料。"②

生态环境保护思想研究以生态环境及人类本身对生态环境的认识为主要研究对象，它要求我们既要对人类社会进行研究，又要对自然环境进行考察。生态环境的变化涉及很多因素，比如自然因素和人为因素，而这两者又都包含了诸多的因素在内，这些因素都可能导致生态环境的变化。所以，从事生态环境保护思想史的研究必须进行跨学科合作研究，以历史学为起点，在马克思主义理论的指导下，坚持历史分析的方法，同时与其他相关学科如地理学、考古学、人类学、社会学、文字学、哲学、经济学等相互配合，相互借鉴。只有跨越了人文、社会科学和自然科学的

---

① 《马克思恩格斯选集》（第3卷），人民出版社1972年版，第518页。
② 葛兆光：《中国思想史》（第2卷），复旦大学出版社2001年版，第113页。

界限，并使它们彼此整合，取长补短，才能客观、全面地搞好这方面的研究。

但是，我们必须清醒地认识到跨学科研究存在着的难度，"随着科学的发展，学科越分越细，各学科的研究对象、理论和方法之间的差异越来越大，沟通起来难度增大"。[1] 也正是因为存在着差异，所以才有了互补的可能。所以，进行跨学科的研究，既是一项难度很大的工作，也是一件很有意义的事情。

（三）拟解决的问题

在上述研究方法的指导下，同时鉴于周代生态思想和实践的研究状况及存在的问题，本文尝试就以下几个方面的问题做一探讨。

第一，把研究范围定位在两周而主要侧重于春秋战国时期的生态环境保护思想。只有有所侧重，才能全力以赴，重点研究，深入具体地解决好一个问题，从而避免以"先秦"或者"中国古代"为研究范围而笼统地、简述式地对古代生态环保思想进行研究。同时，由于这一时期的思想文化对整个中国古代存在深远影响，所以，研究这一时期的生态环保思想，有助于我们更好地认识中国古代生态环保思想的源流，更好地认识和理解中国古代的生态环保思想。

第二，对周代生态环保思想的历史文化渊源进行深入探讨。任何一种思想都有其产生的土壤，大量的文献材料证实，周代存在的生态环保思想源于之前的社会，结合文化人类学的成果，更能进一步证实早期人类社会存在的文化现象所含有的生态环保因素，并深入研究它对于周代普遍存在的生态环保思想的促成作用。

---

[1] 包茂宏：《环境史：历史、理论和方法》，《史学理论研究》2000 年第 4 期。

第三,对周代的生态状况及成因进行研究。只有了解当时的生态状况和促成这种状况形成的诸多因素,才能使我们看到周代生态问题形成的真正原因,从而使我们能够得到有益的借鉴。同时,通过对周代生态状况的客观描述,可以避免因民族自豪感而夸大中国古代的生态状况和生态思想。

第四,全面探索周代生态环保思想的内容。认识到了生态环保思想的内容,我们才能明白古人对生态环保问题的认识水平,并了解到他们已经做过的工作,然后结合现实,找出我们的差距,确定努力的方向,使古代思想在今天发挥出它应有的启迪作用。

第五,对周代生态环保思想的发展变化及实践的研究。在周代的漫长社会发展过程中,生态环保思想也经历了一个发展变化的过程。由最初的零碎、单一逐步走向系统、全面,并最终完成了从思想形式到法令形式再到法律形式的不断升华。对这个过程的充分认识,可以使我们看到周代生态环保思想的曲折发展历程,从中得到有益的借鉴,完善我们今天生态环保的法规建设和思想教育。

四 相关概念的说明与界定

显而易见,生态环境保护思想研究的对象是古代生态环境保护的思想及相关内容,这是明确的,没有争议的。但是当前学界对于生态环境史的命名还存在很大的分歧。因此,很多学者在研究古代生态环境历史时,往往称之为"环境史"或"生态史"而不称为"生态环境史"。如美国学者唐纳德·休斯的《什么是环境史》,德国学者拉卡德的《自然与权力——世界环境史》,中国学者罗桂环、王耀先的《中国环境保护史稿》,张全明、王玉德的《中华五千年生态文化》,袁清林的《中国环境保护史话》等,都是将"生态"和"环境"分而述之。究其原因,在于学界对这两个词的重叠使用存在争议,一部分学者指出"生态"是与生物有关的各种相互关系的总和,它不是一个客体。但是生态环境却是一个客体,因此,二者不能并列重叠使用,认为这样是不科学的。[①] 但是也有学者认为,"生态"和"环境"两个词概念不同,"生态环境"一词不是重复或重叠,所以那些说"生态环境"一词不科学不能用的学者是不正确的。"生态环境"应该理解为"生态和环境"或是"生态或环境"。[②] 还有学者指出"生态环境"可以看做是偏正关系,其含义是基于生态关系的环境。[③] 王子今则认为"以为生态不是一个客体,而环境则是一个客体的观点,也许并不适宜于对历史文化相关进程之条件的理解",因此,"以生态和环境的意义理解生态环境语义未可厚非"。[④]

由上述观点来看,无论是生态还是环境,都跟人类有关,都是人类研究的对象。所以,"生态环境"的说法是成立的,或许它所包含的对象更全面一些。

因此,生态环境史是一门历史,它通过研究人类在和自然相处过程中所发生的种种关系,推动对人类历史的了解,从中得到一些有益的借鉴,也使我们更加清醒地认识人类自身,以及人类是如何通过自己的活动造成生态环境问题的,人类又受到了什么样的惩罚,从中得到了什么教训,人类又是如何解决这些问题的

[①] 曲格平:《应该现在究加以纠正》;阳含熙:《不应再采用"生态环境"提法》;钱正英等:《建议逐步改正"生态环境建设"一词的提法》,以上均载《科技术语研究》2005年第2期。
[②] 蒋有绪:《不必辨清"生态环境"是否科学》,《科技术语研究》2005年第2期。
[③] 李志江:《"生态环境"、"生态环境建设"的科技意义与社会效应》,《科技术语研究》2005年第2期。
[④] 王子今:《秦汉时期生态环境研究》,北京大学出版社2007年版,第11页。

等等。以便从与自然相互关联的新角度重新探索人类社会历史的发展，以更好地把握人类自身，使人类对生态环境的利用变的适当，对生态环境的破坏得到遏制，为解决生态环境问题提供有益的视角，以保证世界的和谐，保证人类社会的持续发展。

第 一 章

周代生态环保思想的历史文化渊源

任何一种思想的产生都有相应的社会环境,同时它还是多种因素长期共同作用的结果。周代的生态环保思想自然有它的思想文化渊源,对其进行深入的研究是十分必要的,正如涂尔干说过的那样:"要想深刻地理解一种规矩或一种制度,一种法律准则或一种道德准则,就必须尽可能地揭示出它的最初起源;因为在其现实和过去之间,存在着密不可分的关联。"① 人类产生以来,就开始对其赖以生存的自然环境进行不断的探索和思考,并由此逐渐形成早期的人类思想文化。它既包括许多信仰和规则,还包括非常典型的图腾文化。周代是中国古代社会发生剧烈变革的时期,整个思想界也不可避免地经受了变革所带来的阵痛,正如张岂之所说:"这个时期,新的文化思想因素与旧的文化思想体系纠结在一起。"② 这一时期,新的思想正在形成,而旧的思想对社会的影响依然存在。探讨旧的思想体系,寻找其渊源,有助于我们正确地认识和客观地评价周代生态环保思想的发展脉络和内容。

---

① [法]爱弥尔·涂尔干:《乱伦禁忌及其起源》,汲喆等中译本,上海人民出版社2003年版,第3页。

② 张岂之:《中国思想史》,西北大学出版社1989年版,第25页。

第一节 远古文化中的生态环保因素

一 文化遗留对理解生态文化的作用

远古文化中的生态环保因素毫无疑问会遗留下来，所以探讨生态问题有必要首先了解文化"遗留说"。所谓"遗留说"，是进化论人类学的一个范畴和方法，它是按照保存在未消失民族过去制度之残余物，以追溯发展序列的一种技巧。进化论人类学家认为："在所有的社会里，古代的思想与行为模式均会在它们产生的情况之外遗留下来，这些模式可作为较早期发展阶段的'证据与实例'。"[①] 按照进化论的理论，"当代原始社会是过去人类环境绝对的样本，在他们的文化中，完全保持着人类早期阶段的习俗"。[②] 这种观点统治了19世纪的人类学，并在历史、哲学、宗教等社会学科领域产生极大的影响。但是，由于自身的局限性，"进化论"在20世纪初已经开始受到批判，如布朗指出"这种类型的解释方法不能告诉我们要归纳科学所寻求的那种一般规律"，[③] 罗伯特·罗维甚至说它已成为"无可挽回的古董"。[④] 然而我们不能因此就认为进化论学说一无是处，即使是上述对其持批判态度的学者也不是完全否定它，如罗维反对的就只是单线进化论而不是整个进化论，进化论还是有一些内容是符合客观规律的，它有助于我们正确认识人类社会的起源和发展问题，所以至今还有很多学者依

---

① [美] E. 哈奇：《人与文化的理论》，黄应贵、郑美能中译本，黑龙江教育出版社1988年版，第26页。
② [美] 罗伯特·F. 莫菲：《文化和社会人类学》，吴玫中译本，中国文联出版公司1988年版，第153页。
③ [英] 拉德克利夫·布朗：《社会人类学方法》，夏建中中译本，山东人民出版社1988年版，第2页。
④ [美] 罗伯特·罗维：《初民社会》，吕叔湘中译本，商务印书馆1936年版，第1页。

然在研究这一学说并从中受到启发。

"遗留说"至今仍被采用，说明它自有合理之处，我们只要以科学的态度客观地对待它，就能使之成为我们解决问题的有用工具。正如莫菲所说，"文化因素之所以能够保留，就在于它们仍在发挥作用"，[①]"现代的原始部落虽然不是我们过去生活的完全复制品，但它们却提供了类似我们过去的生活状况。我们虽然不能根据我们对当代原始部落的了解来复制我们过去的时代，我们却可以了解简单的技术会如何限制我们过去的生活"。[②]摩尔根更是明确指出："近代文明吸收了古代文明中一切有价值的东西，并使之面貌一新，近代文明对人类全部知识的贡献很大，它光辉灿烂，一日千里，但是，其伟大的程度却还远远不能使古代文明暗淡无光，并使它沦于不甚重要的地位。"[③]

文化的遗传是人类社会延续的重要条件，它使那些对人类社会发展有用的文化能够被保留、继承下去，并帮助后人了解前代社会的文化，使我们在文化研究中少走弯路，更加全面地理解人类文化。所以奥格本说："已有的文化留传下来，是因为它们有用……与其说残留抵制变迁，不如说它提供了理解早期文化的线索。残留的文化在早期文化中占有重要地位，而现在已经不重要了，但它可以帮助我们理解早期文化。"[④]

因此，借助"遗留说"研究中国古代的生态环境保护思想和实践，必定能给我们以有益的启发，使我们能够更加准确地理解中国古代的生态环境保护文化。英国文化人类学家弗思说过：

---

① [美]罗伯特·F. 莫菲：《文化和社会人类学》，吴玫中译本，中国文联出版公司1988年版，第153页。

② 同上书，第12页。

③ [美]路易斯·亨利·摩尔根：《古代社会》，杨东莼等中译本，商务印书馆1997年版，第29页。

④ [美]威廉·费尔丁·奥格本：《社会变迁——关于文化和先天的本质》，王晓毅、陈育国中译本，浙江人民出版社1989年版，第86页。

"任何民族，不论是野蛮的还是文明的，都曾在某种程度上改造过环境。澳洲的土著人把水源附近的植物除掉，为了狩猎把荒草烧掉；非洲的农民在森林中不断开辟新地，把森林都破坏了。"[①] 因此，以这样的态度去挖掘、研究中国古代的生态环保因素，必定有助于对于周代生态环保思想的深刻理解和探讨。

二 从万物有灵观到图腾崇拜：初民的生态保护

中国古代的生态环境保护思想是我们祖先的智慧结晶，是他们在漫长的历史进程中自觉不自觉地对人与自然关系逐渐认识、总结的体现。人与自然的关系问题，是人类诞生之初就必定要首先面对的最基本、最直接的课题，而我们的祖先，也在为解决这一课题不断进行着艰辛的长期探索，由此，产生了原始的信仰、艺术等，"倘于自然现象没有仔细观察，倘于自然规律没有坚固信仰，倘若没有推理能力与对于这种能力的自信，无论怎样原始的艺术与行业，便都不会发明出来"。[②]

在远古时期，人类一方面在努力摆脱大自然的压迫和束缚，另一方面却由于自身力量及生产力水平的限制又不得不依靠大自然的恩赐，这种境地使人对很多自然现象难以理解，甚至产生一种敬畏恐惧，如对风雨雾雪天气发生的原因迷惑不解，对地震、洪涝、火山等自然灾害恐惧万分。难以理解的自然现象产生了神秘感，从神秘再进而发展到崇拜，"最原始的民族与一切低级蛮野人，都信一种超自然而非个人的势力来运行蛮野人底一切事物，来支配圣的范围里面一切真正重要的东西"。[③] 其表现形式

---

① [英]雷蒙德·弗思：《人文类型》，费孝通中译本，商务印书馆1991年版，第40页。

② [英]马林诺夫斯基：《巫术科学宗教与神话》，李安宅中译本，中国民间文艺出版社1986年版，第3页。

③ 同上书，第5页。

之一就是万物有灵观,按照这个观点,这个超自然力存在于自然界,自然界万物也因此具有了灵魂,这正如翦伯赞所说:"由于人类对自然之不理解和对自然克服之无力,……于是便发生了一种歪曲的幻想,即包围于他们周围的自然物及自然现象,都是一些暗藏着幽灵的象征,于是一切万物都是神灵。"①

万物有灵观是早期人类较为普遍的一种思想,并影响了后世的思想文化,在今天的很多落后部族中仍有其踪影。文化人类学的开山鼻祖泰勒指出:"万物有灵观构成了处在人类最低阶段的部族的特点,它从此不断地上升,在传播过程中发生深刻的变化,但始终保持着一种完整的连续性,进入高度发展的现代文化之中。""万物有灵观既构成了蒙昧人的哲学基础,同样也构成了文明民族的哲学基础。"② 由此可见万物有灵观对人类文化的长远影响。

在万物有灵思想的支配下,原始人认为他们生活着的自然界中的万物都是有灵魂的,泰勒指出:"神灵被认为影响或控制着物质世界的现象和人的今生和来世的生活,并且认为神灵和人是相通的,人的一举一动都可以引起神灵高兴或不悦;于是对它们存在的信仰就或早或晚自然地甚至可以说必不可免地导致对它们的实际崇拜或希望得到它们的怜悯。"③ 他同时指出,古代中国人也"完全承认对充满世界的无数精灵的崇拜"。④ 弗雷泽在其著作《金枝》中,也专门提到"中国书籍甚至正史中有许多关于树木受斧劈或火烧时流血、痛哭、或怒号的记载"。⑤

---

① 翦伯赞:《先秦史》,北京大学出版社1988年版,第52页。
② [英]爱德华·泰勒:《原始文化》,连树声中译本,广西师范大学出版社2005年版,第349页。
③ 同上书,第350页。
④ 同上书,第567页。
⑤ [英]詹·乔·弗雷泽:《金枝》,徐育新等中译本,中国民间文艺出版社1987年版,第172页。

事实正是如此，如《三国志·曹瞒传》就记载"王使工苏越徙美梨，掘之，根伤尽出血"。类似的记载在中国文献里面还有很多。再如，在西安半坡遗址出土的瓮棺葬之陶钵，下部有一个小孔，学者们经过研究认为它就是为灵魂出入预留的通道。还有见于甲骨文、金文中殷周时期的"天"、"帝"观念和文献记载的对诸神的祭祀都说明了这个问题。在此观念的支配下，古人逐渐确立了爱护自然和生命的行为准则，这就在一定程度上起到了保护生态的作用。

随着社会的发展，古人对自然界的征服能力有所加强，生活较之以前也安定了许多，因此对自然环境的认识进一步深入。在这种条件下，万物有灵观念逐步发展成为图腾崇拜，翦伯赞认为："从万物有灵到图腾主义这一信仰的转变决不是偶然的，这正是反映人类从以广泛的自然环境为范围之流浪生活转向了以特定的自然环境为范围之定居生活。"[①]

图腾崇拜是人类形成最早的文化体系之一，它对古代宗教、哲学、文化、艺术以及法律等等都有深远的影响。"图腾"是北美印第安阿尔衮琴部落奥吉布瓦方言"totem"的音译，意为"我的血亲、种族"、"亲属"、"亲族"，引申出"个人保护者或守护力量"等含义。最早介绍"图腾"一词的是英国人J.郎格，1791年，他根据所见所闻写成的《印第安旅行记》在伦敦出版，使人们对"图腾"有了初步认识。

半个世纪后，另一个英国人格雷经过长期的考察和研究，于1841年出版了《澳大利亚西北部和西部探险记》，在书中，他明确指出，在澳大利亚土著居民中也存在图腾文化现象，并和北美印第安人的图腾文化进行了比较印证。之后，"图腾"一词开始被学术界广泛使用。但是，"图腾"一词只是北美印第安人使用的术语，对于

[①] 翦伯赞：《先秦史》，北京大学出版社1988年版，第110页。

相同的文化现象,世界其他各族则称呼不同。如澳大利亚人有的称为"科邦",有的叫做"恩盖蒂",有的称做"穆尔杜",还有的叫"克南札"等,① 而拖雷斯海峡马布伊亚格岛居民称之为"奥古德",② 我国的鄂温克族则称之为"嘎布尔"。③ 由于北美印第安人的"图腾"叫法出现最早,因此,学术界把所有相同的文化现象统称之为"图腾"。1903年,严复在翻译英国人甄克思的《社会通诠》一书时,首次把"totem"译作"图腾",此后,中国学术界便沿用"图腾"这一术语,至今不变。④

那么何为图腾制度呢?马林诺夫斯基指出:"图腾制包括两方面:一面是社群底状态,一面是信仰实行底宗教系统。宗教一面,表示初民对于环境的关心,以及对于重要物体取得联系而且加以控制的欲望,这类物体,最普通的是动植物。"⑤ 林惠祥认为:"所谓图腾制,便是一个社会的多少有固定性的一套行为,这些行为是由于信有一种超自然的关系存在于群中的各个人与一类动植物或无生物之间。"⑥ 法国学者倍松甚至认为:"图腾主义便是原始人民的宪法。"⑦ 张岂之也说:"氏族社会里出现的图腾观念也是原始意识的重要表现,它表明人和自然的关系。……图

---

① [苏联] C. A. 托卡列夫等:《澳大利亚和大洋洲各族人民》(上册),李毅夫等中译本,三联书店1980年版,第273页。
② [苏联] 谢·亚·托卡列夫:《世界各民族历史上的宗教》,魏庆征中译本,中国社会科学出版社1985年版,第70页。
③ 何星亮:《图腾文化与人类诸文化的起源》,中国文联出版公司1991年版,第9页。
④ 上述内容参阅何星亮:《图腾文化与人类诸文化的起源》,中国文联出版公司1991年版,第9—10页。
⑤ [英] 马林诺夫斯基:《巫术 科学 宗教与神话》,李安宅中译本,中国民间文艺出版社1986年版,第6页。
⑥ 林惠祥:《文化人类学》,商务印书馆1934年版,第224页。
⑦ [法] 倍松:《图腾主义》,胡愈之中译本,上海文艺出版社1990年影印本,第2页。

腾观念表明人类生活是离不开自然界的。"① 由此可见,图腾文化主要是反映人与自然的关系,这是我们从中发现生态环保思想相关因素的重要前提。

作为早期人类社会普遍存在的一种原始文化现象,图腾文化在古代中国也广泛存在,这已经过学者们的研究得到了证实。如何星亮认为:"中国的图腾文化丰富多彩,源远流长,自远古至今,都发现有图腾文化的遗迹。无论在考古学资料中,还是在历史学资料中;也无论在文字学资料中,还是在民族学资料中,都随处可见。"②

他在书中还列举了大量的资料来证明自己的观点。③ 张岂之也认为:"在仰韶文化的陶器上,时常可以看到绘有鸟、鱼、鹿、蛙、人面虫身等图案。这些图案可能就是氏族图腾。"④ 据此可以肯定,中国原始社会确实存在过丰富的图腾文化。

图腾禁忌是图腾崇拜显著的表现形式,这种禁忌很巧合地蕴涵着生态环境保护的思想因素,这种无意中的生态保护是如何得以体现的呢?杨堃指出:"一个图腾,是一种动物,或植物或无生物。而部落内的某些社会集团,常以此图腾作为自己的祖先,并以图腾的名字作为自己的名字。"⑤

正是有了这样的一种关系,这些动植物才会得到尊重并被有意地保护起来。根据文化人类学家的调查研究,这种文化现象至今在世界尚存,例如在非洲,中非的班布蒂人"分别把豹、黑猩猩、蛇、猿猴、羚羊和蚂蚁等动物作为近亲,称之为'祖父'或'父

---

① 张岂之:《中国思想史》,西北大学出版社1989年版,第6—7页。
② 何星亮:《中国图腾文化》,中国社会科学出版社1992年版,第33页。
③ 同上书,第30—50页。
④ 张岂之:《中国思想史》,西北大学出版社1989年版,第7页。
⑤ 杨堃:《原始社会发展史》,北京师范大学出版社1986年版,第140页。

亲'",①"南非的贝专纳人称鳄鱼为'父亲'"。② 在大洋洲,"澳大利亚土著居民相信与某种动物、植物或无生物存在亲属关系,并用'父亲'或其他称谓称呼"。③ 在中国东北,"鄂伦春族称公熊为'雅亚'(祖父),称母熊为'太帖'(祖母)"。④

中国古代文献中也保留了许多这方面的材料,证实古代中国也存在着图腾禁忌。古商族认为他们出自玄鸟,如《诗经·商颂》"天命玄鸟,降而生商",因此,玄鸟成为商族的象征并受到尊重,自然也是不容伤害的了;《后汉书·南蛮西南夷列传》里记载南蛮人认为其祖父是犬;《周书·突厥传》则记载说古突厥人认为他们的始祖母是一条母狼;《魏书·高车传》记载了匈奴公主与一狼结为夫妻,其子孙繁衍成族,号为高车;《后汉书·西南夷传》记载了夜郎族的起源和姓氏来源,也跟图腾崇拜有密切关系,可见在中国古代图腾文化也是广泛存在的。

正是由于原始人以父母、祖父母或其他亲属称谓称呼某种动植物,于是在思想上尊崇它,在行动上禁止打伤或杀害它,这就是所谓的"图腾禁忌"。佛莱认为:"图腾保护人们,而人们则以各种不同的方式来表示对它的崇敬,如果,它是一种动物,那么,即禁止杀害它;如果,它是一种植物,那么,即禁止砍伐或收集它。"⑤ 何星亮也认为,图腾禁忌"主要表现在禁捕、禁杀、

---

① [苏联]谢·亚·托卡列夫:《世界各民族历史上的宗教》,魏庆征中译本,中国社会科学出版社1985年版,第153页。
② [英]詹·乔·弗雷泽:《金枝》(下册),徐育新等中译本,中国民间文艺出版社1987年版,第685页。
③ [苏联] C. A. 托卡列夫等:《澳大利亚和大洋洲各族人民》(上册),李毅夫等中译本,三联书店1980年版,第273—274页。
④ 秋浦:《鄂伦春社会的发展》,上海人民出版社1978年版,第163页。
⑤ [奥地利]弗洛伊德:《图腾与禁忌》,杨庸一中译本,中国民间文艺出版社1986年版,第133页。

禁食或禁触、禁摸、禁视图腾物……在原始人看来，杀害图腾就像杀害自己的亲属、祖先或保护神一样。而且，他们还认为，一旦伤害了图腾，图腾动物也就会翻脸不认亲，以同样手段报复本群体的成员，并从此不再担负不伤害或保护群体成员的义务"。①

因为早期社会到处存在这样的禁忌，所以原始人对许多动植物都怀有敬畏、崇拜的心理，不敢轻易地伤害它们，因此生态环境得到了无意识的保护。随着人与自然界关系的日益密切（或者说人对自然的依赖性越来越强）和对这种关系的清醒认识，图腾禁忌进一步扩大和并发挥更加重要的作用，"这种观念的延伸，团体负起了惩罚破坏者的责任，因为这些破坏者的行为已严重地危害到了同伴们的安全了"。② 于是图腾禁忌成为整个社会的准则，在这种社会准则的要求下，人们捕杀动物、砍伐植物的行为都不再是随意的，而是要受到许多严格的限制，那么动植物自然而然得到了更加充分的保护。导师姜建设教授通过研究，认为"古代设有推行这些禁忌的官员，如山虞、林衡、川衡、兽人、迹人、罗氏、冥氏等"。他还由此得出了秦国的环境法就直接取材于古代环境禁忌的结论。③ 由此可以看出，早期人类社会的图腾崇拜与周代的生态环境保护有着相当密切的文化渊源。

同时，我们也要看到，图腾崇拜是人类社会生产力极端低下时期的产物，"图腾主义的信仰，说明了人类尚不能积极地进行对自然之物再生产，而只是消极地对自然界的动植物之剿灭的禁止"。④ 马林诺夫斯基也指出："我们倘能明白食物是人与自然环

---

① 何星亮：《图腾文化与人类诸文化的起源》，中国文联出版公司1991年版，第280页。
② [奥地利] 弗洛伊德：《图腾与禁忌》，杨庸一中译本，中国民间文艺出版社1986年版，第33页。
③ 姜建设：《古代中国的环境法：从朴素的法理到严格的实践》，《郑州大学学报》1996年第6期。
④ 翦伯赞：《先秦史》，北京大学出版社1988年版，第113页。

境底主要系结,倘能明白人因得到事物是会感觉到命运与天意底力量的,则我们便能明白原始宗教使食物神圣化是有怎样文化的意义,或简直说怎样生物学的意义了。"① 随着生产力的不断发展和提高,古人的思想也在不断地升华,图腾崇拜逐渐退出了历史舞台而不再成为主流文化,但是它的影响仍然存在,并为我们正确客观地理解古代文化提供了理论依据。

第二节 生态环境保护思想的历史传承

原始信仰和规则所具有的强制力,使生态环境保护的思想因素能够深深地嵌入人们的头脑之中,然后流传下来,正如迪尔凯姆所说:"我们接受和采纳这些信仰、规则,不仅在于它们是世代相传的集体行为,而且在于它们还具有特别的强制力,通过教育传授给我们,使我们不得不遵从,不得不沿用。"②

远古时期,人类的生存主要仰仗狩猎和采集,对大自然的依赖性很大,在这样的环境下,产生了万物有灵观念和图腾崇拜。随着农业、畜牧业的出现和发展,人类不再像过去那样完全仰仗大自然的恩赐,于是形成了新的思想、新的文化,这些新思想、新文化不是对原有思想文化的简单替代,而是继承和发展,旧文化中有用的因素仍然能够保留下来,并且影响着人们的思想。到了周代,生态环境保护思想虽然已经不再以万物有灵、图腾崇拜的形式表现出来,甚至它们对周人来说已经变得十分模糊。但是,周人在阐述他们的生态环境保护主张时,却还是往往喜欢从前世社会去寻求理论依据。尽管有些内容不能完全相信,但至少

---

① [英]马林诺夫斯基:《巫术科学宗教与神话》,李安宅中译本,中国民间文艺出版社1986年版,第25页。
② [法]埃米尔·迪尔凯姆:《社会学方法的规则》,胡伟中译本,华夏出版社1999年版,第9页。

能够说明生态环境保护在古代有着悠久的传统，否则周人就不会动辄从前世寻求理论依据。

因为两周尚属于礼治时代，典范政治的影响深入人心，道德规范在当时还具有很大的约束力，所以周人在阐述他们的理论时，往往喜欢假托圣人之言。如《商君书·画策》篇曰："昔者昊英之世，以伐木杀兽，人民少而木兽多。黄帝之世，不靡不卵，官无供备之，民死不得用椁。"① 《大戴礼记·五帝德》亦曰："（黄帝）时播百谷草木，故教化淳鸟兽昆虫……节用水火材物。"② 两篇文章的作者显然都认为黄帝之世已经存在生态环境保护思想。

如果说黄帝时代的生态思想还是抽象的、不太具体的，那么夏禹时代的生态思想则比较具体了，据《逸周书·大聚解》载："旦闻禹之禁，春三月山林不登斧，以成草木之长；夏三月川泽不入网罟，以成鱼鳖之长。"③ 虽然学界公认此篇不是西周文献，但无论它成于何时，都能说明在作者的心目中大禹时代已经有了生态保护思想，恰好反映出其理论依据正是来源于上古流传下来的思想文化。相同的记载还见于《大戴礼记·五帝德》："（禹）巡九州，通九道，陂九泽，度九山。"④ 而《国语·周语下》则用很大的篇幅论述了大禹的生态思想：

> 灵王二十二年，谷、洛斗，将毁王宫。王欲壅之，太子晋谏曰："不可。晋闻古之长民者，不堕山，不崇薮，不防川，不窦泽。夫山，土之聚也；薮，物之归也；川，气之导也；泽，水之钟也。夫天地成而聚于高，归物于下。疏为川

---

① 蒋礼鸿：《商君书锥指》，中华书局1986年版。
② （清）王聘珍：《大戴礼记解诂》，中华书局1983年版。
③ 贾二强校点：《逸周书》，辽宁教育出版社1997年版。
④ （清）王聘珍：《大戴礼记解诂》，中华书局1983年版。

谷，以导其气；陂塘汙庳，以钟其美。是故聚不陁崩，而物有所归；气不沉滞，而亦不散越。是以民生有财用，而死有所葬。然则无夭、昏、札、瘥之忧，而无饥、寒、乏、匮之患，故上下能相固，以待不虞，古之圣王唯此之慎。"

在这段文字里，太子晋为周灵王讲述了自然界各种构成物的作用及相互关系，指出古代的统治者已经认识到保持生态平衡的重要性，并采取了相应措施，保护生态环境，保证人们的生活，以维持他们的统治，否则，会影响到统治。为了讲明破坏生态环境的危害性，太子晋以破坏生态环境的共工为例劝说周灵王。

共工弃此道也，虞于湛乐，淫失其身，欲壅防百川，堕高堙庳，以害天下。皇天弗福，庶民弗助，祸乱并兴，共工用灭。

由于共工破坏了生态环境，扰乱了人民的生活，难以维持统治，直到最后遭到了覆灭的命运，其后的禹吸收了共工灭亡的教训，采取措施，保护生态环境，使统治稳定下来。

其后伯禹念前之非度，釐改制量，像物天地，比类百则，仪之于民，而度之于群生，共之从孙四岳佐之，高高下下，疏川导滞，钟水丰物，封崇九山，决汨九川，陂障九泽，丰殖九薮，汨越九原，宅居九隩，合通四海。故天无伏阴，地无散阳，水无沉气，火无灾燀，神无间行，民无淫心，时无逆数，物无害生。①

从这一番言论可以看出，在周太子晋的眼中，大禹时代已经

---

① 《国语》，上海古籍出版社 1998 年版，第 103—104 页。

出现了生态环境保护思想，而且能否保持一个良好的生态环境，还关系到统治者的地位是否能够稳固。他的这番言论反映出古代思想家对于自然生态环境以及人与自然环境的关系之重要性认识水平的进一步提高。在后世古代学者眼中，夏代出现的生态环境保护思想又被之后的商代继承了下来，《大戴礼记·礼察》记载："汤武置天下于仁义礼乐，而德泽洽禽兽草木。"①《史记·殷本纪》的记载则印证了这段话："汤出，见野张网四面，祝曰：'自天下四方皆入吾网。'汤曰：'嘻，尽之矣！'乃去其三面，祝曰：'欲左，左。欲右，右。不用命，乃入吾网。'"② 可见，在古代思想家看来，商汤时也十分注重对生态的保护。同样，周代也有这样的例子，《吴越春秋·吴太伯传》说："公刘慈仁，行不履生草，运车以避葭苇。"

再如《晏子春秋·内篇问上第三》所载：

> 古者先君之干福也，政必合乎民，行必顺乎神；节宫室，不敢大斩伐，以无逼山林；节饮食，无多畋渔，以无逼川泽；祝宗用事，辞罪而不敢有所求也。是以神民俱顺，而山川纳禄。今君政反乎民，而行悖乎神；大宫室，多斩伐，以逼山林；羡饮食，多畋渔，以逼川泽。是以神民俱怨，而山川收禄，司过荐罪，而祝宗祈福，意者逆乎！③

晏婴在劝谏齐景公不要破坏生态环境时，也是借先君的名义来使齐景公接受的。

上述文字之所以都借前圣之名来阐述古代的生态保护思想，

---

① （清）王聘珍：《大戴礼记解诂》，中华书局1983年版。
② （汉）司马迁：《史记》，中华书局1959年版，第95页。
③ 吴则虞：《晏子春秋集释》，中华书局1962年版，第201—202页。

一来是因为在礼治时代,典范的作用非常巨大,其影响也十分广泛。古代思想家们认为,只要是圣人的思想,就能在整个社会得到推广和传播,那么社会也就会普遍接受这种思想。这对于当时注重道德礼仪的社会和生活在这个社会里的人来说,是可以理解的;同时,由于时代久远,这种思想的来源早已模糊不清,所以只好往往假托于圣人。

不过,也有一些思想家和政治家在阐述他们的生态理论时,并不假托圣人,或许他们认为,这种思想在古代原本就是普遍存在的,用不着以圣人的名义来推广它。如《国语·鲁语上》记载:

> 宣公夏滥于泗渊,里革断其罟而弃之,曰:"古者大寒降,土蛰发,水虞于是乎讲眾罶,取名鱼,登川禽,而尝之寝庙,行诸国,助宣气也。鸟兽孕,水虫成,兽虞于是乎禁罝罗,猎鱼鳖以为夏犒,助生阜也。鸟兽成,水虫孕,水虞于是乎禁罝罜麗,设阱鄂,以实庙庖,畜功用也。且夫山不槎蘖,泽不伐夭,鱼禁鲲鲕,兽长麑夭,鸟翼鷇卵,虫舍蚳蝝,蕃庶物也,古之训也。今鱼方别孕,不教鱼长,又行网罟,贪无艺也。"①

在这段话里,里革明确提出生态保护思想是"古之训也",说明在他眼里古代早已存在着较为全面的生态环境保护思想,这些思想已经较为完备。他用古人的思想来劝说鲁宣公的滥捕行为,说明他自己已经继承并接受了这种思想。而他割断鲁宣公用来滥捕的渔网也没有被责罚,说明鲁宣公也认为他说得有道理,反映出了国君也认识到保护生态环境的重要性。否则,他也会像下面劝说商纣的人一样遭到杀害的命运。南宋郑樵所著《通志》

---

① 《国语》,上海古籍出版社1998年版,第178页。

卷3上则记载了纣不接受保护生态环境的建议并杀掉进谏者而引发了生态灾难的故事:

> 纣尝六月猎于西土,发民逐兽,谏者曰:"长育之时,不可逆天道,绝地德,君践一日之苗,民失百日之食。"纣杀之,纣杀之数月,大风飘牛马,发屋拔木,飞扬数十里。

为了阻止商纣过度地诛杀野兽,有人居然冒着杀头的危险去进谏,结果被杀,于是导致了一场生态灾难的发生。由此可以看出保护生态环境的观念在当时已经被很多人所接受,而且在一定程度上关乎统治者统治的稳定与否。

综上所述,周代思想家在提倡生态保护思想时,往往从其前代社会寻求理论依据,这也正好反映出在他们的心目中生态环境保护的思想在前代社会已经存在,而且在前代社会对于生态环境保护已经发挥了重要的作用,所以他们才会继承它,并大力提倡它,以便为保护周代的生态环境发挥应有的作用。

第三节 农业文明与生态环境保护思想

中国是一个有着悠久历史的传统农业国家,这在我国境内已经发现的大量原始农业遗址得到充分证明,所以说,中国是世界农业的重要起源地,"在全世界少数几个农业起源中心中,中国独居其二"。[1] 根据文献记载,我国农业至少在远古时期神农、黄帝时代已经产生:

---

[1] 白寿彝总主编、苏秉琦主编:《中国通史》(第2卷),序言,上海人民出版社1994年版,第5页。

神农氏作,斲木为耜,揉木为耒,耒耨之利,以教天下。(《易·系辞下》)

神农乃始教民播种五谷,相土地宜,燥湿肥墝高下,尝百草之滋味,水泉之甘苦,令民知所辟就。(《淮南子·修务训》)

神农因天之时,分地之利,制耒耜,教民耕作。神而化之,使民宜之,故谓之神农也。(《白虎通·号篇》)

(黄帝)时播百谷草木,故教化淳鸟兽昆虫。(《大戴礼记·五帝德》)

(黄帝)时播百谷草木,淳化鸟兽虫蛾。(《史记·五帝本纪》)

从传说中的神农、黄帝时代直到清朝,古代中国始终是个农业为主的国家。如此深厚的农业文明积淀,对中国古代社会诸方面产生了巨大的影响,正如张岱年所说:"中国古代的哲学理论、价值观念、科学思维以及艺术传统,大都受到农业文化的影响。"[①] 甚至有学者认为:"农业的产生是人类发展史上的第一次巨大飞跃,它成为一切文明的基础。"[②] 所以,周秦时代生态环境保护思想的形成,必定也与农业文明有着千丝万缕的联系。因为农业生产对生态环境的改变远远超过了狩猎、采集等方式,"农业起源,说到底就是人与外界环境的关系问题。农业的产生,就是人不再单纯地仰仗环境,利用环境。而是第一次转而破坏旧有的生态平衡,开发环境,把人的因素带到整个自然界的平衡中去"。[③]

---

① 邹德秀:《中国农业文化》,陕西人民出版社1992年版,序言。
② 朱松美:《周代的生态保护及其启示》,《济南大学学报》2002年第2期。
③ 黄其煦:《农业起源的研究与环境考古学》,《中国原始文化论集》,文物出版社1989年版。

在狩猎、采集为主的时代，人类对自然生态环境的影响是微乎其微的，正如《盐铁论·散不足》篇所描绘的那样："古者，采椽茅茨，陶桴复穴，足御寒暑、蔽风雨而已。及其后世，采椽不斫，茅茨不翦，无斫削之事，磨砻之功。"

但是农业产生以后，人类对生态环境的影响开始显著增强。因为进行农业生产首要的条件是要有较大面积的土地，而在生产力极端落后，生产工具极为简陋的远古社会时期，取得耕地最简单实用的方法就是放火焚烧山林草木。文献对此有大量的记载：

> 黄帝之王……烧山林，破增薮，焚沛泽，逐禽兽，实以益人，然后天下可得而牧也。(《管子·揆度》)
> 黄帝之王，谨逃其爪牙。有虞之王，枯泽童山。夏后之王，烧增薮，焚沛泽，不益民之利。(《管子·国准》)
> (舜)使益行火，以辟山莱。(《大戴礼记·五帝德》)
> 舜使益掌火，益烈山泽而焚之，禽兽逃匿。(《孟子·滕文公上》)

可见，在相当长的一个时期内，古人为了发展农业生产，采取的都是焚烧山林开辟农田的办法，只是由于当时的人口数量相当少，对耕地的需要量相对来说也不是很多，所以焚烧的山林草木面积不会过大，对整个生态环境也构不成多大的威胁。但是这种办法却一直延续了下去，直到周代。而在周王朝的兴起过程中，农业起了十分重要的作用，《史记·周本纪》记载："弃……好种树麻、菽，麻、菽美。及为成人，遂好耕农，相地之宜，宜谷者稼穑焉，民皆法则之。帝尧闻之，举弃为农师，天下得其利，有功。"其后的公刘"复修后稷之业，务耕种，行地宜，自漆、沮度渭，取材用，行者有资，居者有畜积，民赖其庆。百姓怀之，多徙而保归焉。周道之兴自此始。"因此周王朝十分重视农业。

周代在发展农业的时候,很多时候采取的依旧是过去火烧林木取得耕地的老办法,如《管子·轻重甲》:"齐之北泽烧,火光照堂下。管子入贺桓公曰:'吾田野辟,农夫必有百倍之利矣。'"这段话充分说明在当时仍然采用火焚的办法来取得耕地。

随着周代社会生产力的发展,尤其是春秋战国之际生产力的提高使社会有能力生产更多的粮食,有了充足的粮食就可以养活更多的人口,因此,这一时期,人口增加得很快。随着人口的不断增多,整个社会对耕地的需要量也大大增加,于是人们便更大规模地去开垦荒地,使用的依然是刀耕火种的方式,那么这个时候的这种做法就使生态环境遭到了很大破坏。这种状况引起了一些有识之士的忧虑,于是许多思想家都提出了"时禁",要求适时、适量地使用生态资源。

同时,农业生产自身的特点也促进了人们对自然生态环境的探索和认识。农业生产是自然再生产与社会再生产相结合的生产过程,一方面,农业生产必定会对自然环境产生极大影响,因为它不可避免地要对生态环境进行改造,另一方面,农业生产对自然环境的依赖性极大,其丰歉在很大程度上取决于土壤肥瘠、气候优劣等自然条件。因此,农业生产者必然要想方设法来改善环境以促进生产发展,这就促进了生态环境意识的产生。

经过长期的实践,古人认识到农业生产必须在天时、地利、人和的有机联系中进行,如《管子·禁藏》曰:"顺天之时,约地之宜,忠人之和,故风雨时,五谷实,草木美多,六畜蕃息。"《吕氏春秋·审时》更明确指出:"夫稼,为之者人也,生之者地也,养之者天也。"说明古人已经充分认识到农业生产要受到天地人三大因素的制约,因此,适当地协调三者的关系,也就是人与自然环境的关系,是保证农业丰收,实现稳定的生存环境的重要前提,《易经·乾》曰:"夫大人者,与天地合其德,与日月合其明,与四时合其序,与鬼神合其吉凶。先天而天弗违，后天而奉天时。"就是要求人要适应自然规律，尊重自然规律，以自然规律来指导自己的生产实践。生态环境保护思想可以说就是古人探索、认识自然环境的一个结果。

另外一个值得注意的问题是，尽管周代农业生产较之前代社会取得了很大的发展，但是在当时的技术条件下，单位面积粮食产量仍然很低，如《管子·轻重甲》说道："一农之事，终岁耕百亩，百亩之收，不过二十钟。"而当时一百亩地的收成，据《孟子·万章下》曰："上农夫食九人，上次食八人，中食七人，中次食六人，下食五人。"

战国时百亩约合今天的三十亩，相比之下，足见当时单位面积的产量之低，而且战国时代，我国的农业生产已经取得了前所未有的发展，即使是在那样的时代，粮食产量还是如此之低，更何况之前的春秋时代和西周时期！单位面积产量低，而人口又在不断增加，要想养活更多的人口，有效途径之一就是开垦更多的农田，把森林草地变成农田，另外一个办法就是拓宽取得生活资料的渠道，即更大规模地捕杀野生动物。这些都会造成对生态环境的严重毁坏，野生生物资源的匮乏，反过来又会导致人们生活资料的更加紧缺。于是，在这种背景下，有远见卓识的思想家强烈要求保护野生动物，反对滥杀乱捕野生动物。这种思想虽然不是由农业文明直接促生的，但是也和农业文明存在着密切的关系。

第四节 对自然界认知水平的提高：阴阳五行思想

阴阳五行思想是古代中国的朴素哲学，是古人对自然界长期探索和思考的成果，是主要用来解释自然、社会的变化和法则，因此它对天文、地理、历法、建筑、医学及政治等，都有很大影响。阴阳和五行学说并不是同时产生的，比如《汉书》就专门有《五行志》，而将阴阳家归入《艺文志》。但是由于二者的密切联系，后人将其合为一个体系，称为阴阳五行思想。那么它和生态环境保护思想究竟有什么联系呢？为了说明这个问题，我们首先需要分别探讨二者的起源、发展及内容。

《汉书·艺文志》曰："阴阳家者流，盖出于羲和之官，敬顺昊天，历象日月星辰，敬授民时，此其所长也。"也就是说它通过观察天文、天象的变化，利用日月星辰的变化为征兆，然后指导农时，因此和农业生产密切相连，"以天象判定农时，是我国早期阴阳学的主要内容"。① 而农业与生态环境的关系，上节已经作了论述。虽然《艺文志》关于阴阳家源流的说法未必可信，但至少说明阴阳学说产生很早，《汉书》作者难以考证其确切时间，只好假托于羲和。然而至少在西周初期，已经产生了阴阳观念则是毫无疑问的。因为已经出土的西周青铜器铭文多处提到"阴"、"阳"二字，对此葛兆光已经做了精辟论证，不再赘述。②

相同的记载还出现于西周早期的文献中，如《诗经·大雅·公刘》篇曰："相其阴阳，观其流泉。"如果说金文和《诗经》的记载过于零碎而不足为信的话，那么《周易》则非常集中、全面地体现了阴阳思想。关于《周易》的成书年代，至今没有定论，我们赞成"周初说"。其内容正如《庄子·天下》篇所说"《易》以道阴阳"，正是这样一本以讲述阴阳学说为主的著作，其相关内容屡见于《左传》和《国语》，涉及周、陈、晋、秦、郑、卫、齐、鲁等国，足以说明阴阳思想在当时流传之广，影响之大。所以葛兆光说："春秋时代这一观念更加普遍，讨论一种观念的思想史意义，有时也要看它在时间和空间上的有

---

① 李玉洁：《先秦诸子思想研究》，中州古籍出版社2000年版，第113页。
② 葛兆光：《中国思想史》，复旦大学出版社2001年版，第74—75页。

效性。在春秋时代，阴阳观念似乎已经是不言而喻的真理。"①

事实正是如此，据《国语·周语上》记载：

> 幽王二年，西周三川皆震。伯阳父曰："周将亡矣！夫天地之气，不失其序；若过其序，民乱之也。阳伏而不能出，阴迫而不能烝，于是有地震。今三川实震，是阳失其所而镇阴也。阳失而在阴，川源必塞；源塞，国必亡。"

伯阳父把发生地震的原因归结为阴阳失衡，阴阳失衡导致川源阻塞，川源阻塞导致生态灾难的发生，也就是生态环境的变化，而生态环境的恶化将会导致国家的灭亡。他的理论在今天看来自然是不合乎科学原理的。但是他能以阴阳之间的不相调和来解释地震的原因，恰恰是阴阳学说已经得到实际运用，充分反映了阴阳学说在当时社会的流行情况。

既然阴阳失序会导致灾难，那么阴阳相济才能保证万物生长、社会和谐，所以《国语·越语》里才有"因阴阳之恒，顺天地之常"的思想，这也正是阴阳学说里面包含着一定成分的生态思想之体现，正如杨向奎先生所言："阴阳的发现及其无限的发挥在中国社会思潮中有无比的作用。……阴阳的发现，早于西方的原子说而优于西方的原子说。到现在为止，在哲学上、在基础科学上，正负、阴阳的概念永不可少，没有它们的存在也就没有宇宙，保持它们之间的平衡，是世界上最重要的'生态平衡'。"②

五行学说同样是一种十分古老的思想，在中国思想文化史上有着广泛而深远的影响。和阴阳思想一样，五行思想也包含着生

---

① 葛兆光：《中国思想史》，复旦大学出版社2001年版，第75页。
② 杨向奎：《宗周社会与礼乐文明》，人民出版社1997年版，第213页。

态环境保护的诸多因素。关于"五行"最早的记载见于《尚书·洪范》:

> 唯十有三祀,王访于箕子。王乃言曰:"呜呼,箕子!惟天阴骘下民,相协厥居,我不知其彝伦攸叙。"箕子乃言曰:"我闻在昔,鲧堙洪水,汩陈其五行。帝乃震怒,不畀洪范九畴,彝伦攸斁。鲧则殛死,禹乃嗣兴,天乃锡禹洪范九畴,彝伦攸叙。"

那么,五行学说到底起源于什么时候呢?专家学者进行了大量的研究。刘起釪说:"《洪范》原是商代奴隶主政权总结出来的统治经验、统治大法。"① 齐文心、王贵民等也说它是箕子向周武王陈述的治国大法。② 而杨向奎指出:"《洪范》五行说,早于春秋,它代表了宗周时代的社会思潮。"③ 葛兆光则认为:"在比文献记载更早的时代里,已经有'五行'思想。"④ 由此可见,五行学说应该发端于商、周之际,后来盛行于战国后期,至汉代形成完整的体系并长期影响着中国古代的思想文化。因此,研究中国古代思想文化,五行学说是一个必须讨论的问题。

五行的内容,《尚书·洪范》曰:"五行:一曰水,二曰火,三曰木,四曰金,五曰土。"五行就是指金、木、水、火、土物种实在的物质。把这五种物质称为"行"的原因,《白虎通·五

---

① 刘起釪:《尚书说略》,《经史说略——十三经说略》,北京燕山出版社2002年版,第58页。
② 李学勤主编:《中华文化通志》,齐文心、王贵民:《商西周文化志》,上海人民出版社1998年版,第369页。
③ 杨向奎:《宗周社会与礼乐文明》,人民出版社1997年版,第215页。
④ 葛兆光:《中国思想史》,复旦大学出版社2001年版,第77页。

行》解释说："言行者，欲言为天行气之义也。"所以这一学说和自然界有着密切的联系。

《洪范》篇还进一步阐述了构成世界的五种物质的性质和功能："水曰润下，火曰炎上，木曰曲直，金曰从革，土爰稼穑。润下作咸，炎上作苦，曲直作酸，从革作辛，稼穑作甘。"

可以看出，五行说承认世界的本源是物质的，是一种唯物主义的世界观和自然观，一旦某种正确的思想或观念形成后，很容易被社会所接受，同样，五行观念形成以后，在当时社会影响也很大。《左传》记载了很多这方面的内容：

襄公二十七年子罕曰："天生五材，民并用之，废一不可。"杜注曰"五材"就是金、木、水、火、土五种物质。

昭公元年医和云："天有六气，降生五味，发为五色，征为五声，淫生六疾。六气曰阴、阳、风、雨、晦、明也。分为四时，序为五节，过则为灾。"五味即辛、酸、咸、苦、甘，五色乃白、青、黑、赤、黄。杜注曰："金味辛、木味酸、水味咸、火味苦、土味甘。"又曰"辛色白、酸色青、咸色黑、苦色赤、甘色黄"，可见五味、五色都和五行有密切的关系。

昭公二十五赵简子言："吉也闻诸先大夫子产曰：'夫礼，天之经也。地之义也，民之行也。'天地之经，而民实则之。则天之明，因地之性，生其六气，用其五行。气为五味，发为五色，章为五声，淫则昏乱，民失其性。"

类似的记载还见于《国语·郑语》桓公和史伯的对话：

> 故先王以土与金木水火杂，以成百物。是以和五味以调口，刚四支以卫体，和六律以聪耳，正七体以役心，平八索以成人，建九纪以立纯德，合十数以训百体。……夫如是，和之至也。

史伯认为，世界万物都是由这五种物质组成的，他们互相交融，互为联系，相互影响，对人类社会的生产、生活及政治等都发挥重要的影响，是社会稳定、和谐的重要因素。这种理论和我们现在的生态保护理论有相近之处，都认为五行是生态系统中的五种组成要素，只有它们有机的结合在一起，生态系统才能健康地存在和演进，否则，生态系统将遭到破坏。这对于保护生态环境，保证自然生态各要素之间的平衡，无疑有积极作用。

另外，《左传》昭公二十九年蔡墨曰："故有五行之官，是谓五官。……木正曰句芒，火正曰祝融，金正曰蓐收，水正曰玄冥，土正曰后土。"说明这时已经有了五行和五神相配的观念。

总之，西周至春秋时期，阴阳五行思想已经得到社会广泛的认可，成为一种重要的社会思潮，对人们的思想观念产生重大影响。人们普遍认为天、地、人之间存在着密切的联系，世界就是一个充满了各种联系的整体，他们互相影响，缺一不可。生态环境保护思想的形成，必定也是在相当程度上受到了这种观念的启发，如记载了大量生态环境保护思想的《吕氏春秋·十二纪》和《礼记·月令》都以四季、四方和五行相配，然后根据每个季节的特性对上自帝王下到百姓的行为包括耕种、筑城、收获尤其是砍伐树木、捕杀猎物等做出限制，充分说明了阴阳五行思想对生态环境保护思想的影响。

但是我们还应该看到，到了汉代，"阴阳五行学说"形成体系，成为无人不信奉的学说，儒生们更是奉为圣经，并牵强附会地说自然现象、人类社会和历史都受其支配，由于儒家独尊的地位影响，这个观点成为整个社会对待宇宙、看待社会、看待人生的指导思想，使其宗教化、神圣化，脱离了原来的科学面貌，这是我们在研究中不能忽视的，否则我们将被引入歧途。

总之，研究和探讨我国古代的生态环境保护思想，必须从最久远的时代开始，因为任何一种思想都是有其源头的，这些思想的重要价值或许在当时的社会中还没有体现出来，但是它却可以为其在后世社会的逐渐发展乃至成熟奠定很好的基础，在后世社会发挥重要的作用，这也正是思想的价值。也许这些思想会随着社会的发展和时代的变化而发生变化，但是我们依然可以发现其最初的来源，可以更好地了解其产生和发展的历史及原因，以更好地继承它们，使之发扬光大，为整个人类社会的发展起到一定的指导作用，这也正是我们在研究思想史的时候要追溯其源流的主要原因。

第 二 章

公元前 11 至前 5 世纪的生态环境状况

周代习惯上分为西周和东周两个时期，东周又分为春秋和战国。但是也有别的划分方法，如考古学就将西周和春秋纳入"青铜时代"，只是由于一来青铜时代还包括之前的夏、商时期，而它们并不在本文的讨论范围之内，二来青铜器不像铁器那样可以作为生产力发展的典型标志，所以此处不宜使用这一称呼；另外，目前影响很大的"轴心时代"①则主要指春秋战国时期而不包括西周，而春秋和战国两个时期的生态环境保护思想也有很大不同。战国时期这一思想非常普遍、成熟，并且对后世社会产生了直接的影响，因此需要将其单独分列出来进行讨论。西周和春秋虽然也有区别，但是不甚显著，因此将其并为讨论。

这一时期整体来说农业生产工具简陋，社会生产力水平低下，农业发展对生态环境影响较小；加上人口增加缓慢，生态环境承受的压力较小，社会生活对生态环境的影响微弱；虽然战争

---

① "发生在公元前800至公元前200年间的这种精神的里程似乎构成了这样一个轴心……我们就把这个时期称做'轴心时代'吧，非凡的事情都集中发生在这个时期。中国出现了孔子与老子，中国哲学的全部流派都产生于此，接着是墨子、庄子以及诸子百家。"参见卡尔·雅斯贝斯《智慧之路》，柯锦华等中译本，中国国际广播出版社1988年版，第68—70页。

比较频繁，但其规模远较战国时期为小，对生态环境的破坏程度也不是很强。因此这一时期的生态环境总体上呈现良好的状况。

第一节 农业发展水平与生态环境

农业文明与生态环境保护思想的产生有密切的关系，而农业的发展又势必会对生态环境产生影响，尤其在探讨古代的生态问题时农业是必须作为重点研究的。周代有着悠久的农业传统，《史记·周本纪》说："弃……好种树麻、菽，麻、菽美。及为成人，遂好耕农，相地之宜，宜穀者稼穑焉，民皆法则之。帝尧闻之，举弃为农师，天下得其利，有功。"其后的公刘"复修后稷之业，务耕种，行地宜。自漆、沮度渭，取材用，行者有资，居者有畜积，民赖其庆。百姓怀之，多徙而保归焉。周道之兴自此始"。正是由于周族的兴起得益于农业生产，所以周的统治者历来都十分重视农业生产，农业生产在周代居于首要位置，正如《史记·货殖列传》所记载"其民犹有先王之遗风，好稼穑，殖五谷"，在古代社会，对生态环境最有影响的也当数农业，所以这里重点讨论农业，兼及其他。

一 农业生产工具

食物是人类得以生存的最基本条件，在古代，食物的来源很多，但是最为可靠的来源还是农业，它较之狩猎和采集的不确定性，相对来说能为人类提供更稳定的食物，因此，农业也日益受到人类的重视，农业也逐渐地发展起来。

在农业生产过程中起关键作用的是农具。西周时期的生产工具主要以木器和石器为主，此外仍在大量使用蚌器和骨器。由于木器容易腐烂难以保存，所以考古发现的木器数量并不是很多。而石器如石铲、石斧、石刀等则在很多西周遗址都有出土，完全可以确定它们是当时在大量使用的工具,因此学者认为:"西周时期的农业工具严格地讲与新石器时代没有本质的区别,仍以石器为主。"① 杨宽先生在考古材料的基础上进行了研究,不仅证实了当时仍然使用木制农具,还指出西周时期的木质生产工具主要有耒和耜。②

另外,考古还发现了西周时使用过的青铜农具,这些农具有镈(铲)、锸、锛(斧)、镰等,只是数量很少,在当时的农业生产中还不占主导地位,正如张光直先生指出的那样:"在整个的中国青铜时代,金属始终不是制造生产工具的主要原料;这时代的生产工具仍旧是由石、木、角、骨等原料制造。"③ 其原因正如杨宽先生所言:"如果这时农具的锋刃是青铜制的,青铜比较贵重,当然不可能像冶铁技术发展后铁农具那样普遍。"④ 由于青铜比较贵重,所以不可能成为大家普遍使用的农具,因此,当时的农具仍然还是比较落后和简陋的,相对来说,那时的农业生产水平也是较为低下的。

另外值得一提的是,春秋时期我国已经开始冶铁并有了使用铁器的记录,这是春秋时期社会生产力进一步提高的标志。如《左传》昭公二十九年曰:"晋赵鞅、荀寅帅师城汝滨,遂赋晋国一鼓铁,以铸刑鼎。"这是我国古代最早使用生铁铸造器物的记载,在我国古代经济发展史上具有极为重要的意义。另外根据《国语·齐语》的记载,管仲向齐桓公建议用生铁铸造农具时说:"恶金以铸鉏、夷、斤、斸,试诸壤土。"

近些年来,我国的考古工作者发掘出了大量春秋时代的铁

---

① 张之恒、周裕兴:《夏商周考古》,南京大学出版社1995年版,第259页。
② 杨宽:《西周史》,上海人民出版社1999年版,第224—229页。
③ 张光直:《中国青铜时代》,生活·读书·新知三联书店1983年版,第11页。
④ 杨宽:《西周史》,上海人民出版社1999年版,第230页。

器，可以和文献记载互相印证。但是需要指出的是，目前发现的这些铁器中以兵器居多，而农具的数量很少。① 事实上正是这样，有学者指出："春秋时期铁工具的使用还是很有限的，无论是江南或中原地区，青铜工具及石、骨、蚌等工具还普遍存在。在春秋中晚期的生产工具中，铁农具不仅没有代替青铜工具，也没有排挤掉石、骨、蚌等工具。"②

因此，在春秋时期铁器开始使用是公认的，但是它尚未得到广泛推广尤其是没有作为生产工具也是公认的。从西周至春秋时期，木器和石器作为生产工具在农业生产中仍然占据很大的比重，而青铜器和铁器并没有占据主导地位。

二 农业生产技术

在耕作方法上，西周采取的是两人一组的"耦耕"方式，这在《诗经》中有生动的记载，如《周颂·臣工之什·噫嘻》篇曰："噫嘻成王，既昭假尔。率时农夫，播厥百谷。骏发尔私，终三十里。亦服尔耕，十千维耦。"而《周颂·闵予小子之什·载芟》篇也有"载芟载柞，其耕泽泽，千耦其耘"的记载。

关于"耦耕"的具体操作方式，学者有多种解释，但都公认是两人一组的协作劳动。在当时农业生产工具不很先进的情况下，两人相互合作，能够将土挖得更深，大大地提高了劳动效率。

春秋时期继续沿用了西周的耦耕制，对此文献亦有反映，如《左传》昭公十六年曰"庸次比耦，以艾杀此地，斩之蓬、蒿、藜、藋共处之"，说的是郑国早期开荒立国的情形；《国语·吴

---

① 顾德融、朱顺龙：《春秋史》，上海人民出版社2001年版，第166—167页。
② 周自强主编：《中国经济通史》，《先秦经济卷》（下），经济日报出版社2000年版，第1122页。

语》有"譬如农夫作耦,以刈杀四方之蓬蒿"的记载,说明农夫两人合作,割除蓬蒿的情景;《论语·微子》则说"长沮、桀溺耦而耕,孔子过之,使子路问津焉"也是两位农夫在合作耕地的记录;《周礼·地官·里宰》:"里宰掌比其邑之众寡,与其六畜兵器,治其政令。以岁时合耦于锄,以治稼穑。"由此可见,耦耕制是西周至春秋时期普遍流行的耕作方式。

这一时期的农业生产中还实行了轮耕制度。《周礼·遂人》说遂人授地分上、中、下三等,上地百亩配以草莱五十亩,中地百亩配草莱百亩,下地百亩配草莱二百亩。《诗经》中对此也有相关的记载,如《周颂·臣工》篇曰:"嗟嗟保介,维莫之春,亦又何求?如何新畬?"《小雅·采芑》篇亦云:"薄言采芑,于彼新田,于此菑田。"

这里提到的"菑"、"新"、"畬",据《尔雅·释地》解释:"田一岁曰菑,二岁曰新田,三岁曰畬。"虽然学者对这三字包含的内容有分歧,但对这些记载反映出当时已经存在轮耕制度却基本上是意见一致的。轮耕的方法就是农夫每年耕种田地百亩,土地肥力不足就把它放在一边,而去耕种已经恢复地力的草莱。

对这些史料进行分析,我们不难得出这么一个结论,那就是当时存在人口稀少、土地空旷的情况。如果人多地少,人们的耕地都不够用,怎么可能实行这种听任土地闲置以恢复地力的制度呢?到了战国时期,由于地少人多,耕地紧张,于是就出现了新的使耕地恢复地力的办法,比如用粪做肥料。而这一时期实行的轮耕制到那时自然也无法实行了。

另外值得一提的是,春秋时期出现了牛耕。但是对于牛耕,我们不能报以过分乐观的态度。如有的学者就根据有限的材料认为春秋时期牛耕已经成为一种时尚,[1] 这个结论显然是难以令人

---

[1] 顾德融、朱顺龙:《春秋史》,上海人民出版社2001年版,第207页。

信服的。因为从西周到春秋，人口少，土地多的现象始终没有发生大的改变。如《左传》昭公十六年记载说郑国东迁到虢、郐之地时，那里还处于荆棘丛生的状态，郑人于是"庸次比耦，以艾杀此地，斩之蓬蒿藜藿"；襄公十四年也有姜戎氏描述其所得之地"（惠公）赐我南鄙之田，狐狸所居，豺狼所嗥。我诸戎除剪其荆棘，驱其狐狸豺狼"的记载；哀公十二年曰："宋郑之间有隙地焉，曰弥作、顷丘、玉畅、岩、戈、锡。子产与宋人为成，曰：'勿有是。'"这些记载说明到了春秋后期，郑、宋之间还存在大量的空旷荒芜地带。我们可以理智地分析一下，如果牛耕已经普及，势必大大促进对荒地的开垦，那么上述空旷之地大量存在的情形就不应该存在。

由上述内容我们可以看出，西周春秋之世生产水平仍处于较低水平，生产工具简陋，牛耕尚未普及，尽管和前代相比农业取得了一定的发展，但从整体上来说，仍然存在农业生产不足，粮食难以保证正常供给的情况，在这种条件下畜牧业成为农业的重要补充。《诗经·小雅·无羊》篇载："谁谓尔无羊？三百维群。谁谓尔无牛？九十其犉。"生动地描绘出一幅放牧图景。

今天的考古发现，也为我们证明了这个事实。在陕西周原扶风云塘的西周制骨作坊，发现了2万多斤废骨料以及大量半成品，包括牛、羊、马、猪、狗、鹿、骆驼等动物的骨骼，仅21号灰坑就埋葬牛1306头，马21匹，[①]说明了西周畜牧业的发达情形。

春秋时期，这种情况依然没有太大的改观，如《国语·晋语一》载骊姬对献公言曰："以皋落狄之朝夕苟我边鄙，使无日以牧田野，君之仓廪固不实，又恐削封疆。"由这段话我们可以

---

① 陕西周原考古队：《扶风云塘西周骨器制造作坊遗址试掘简报》，《文物》1980年第4期。

发现两点：第一，晋国在边境有广大的牧场，第二，当时晋国粮食生产不足，以畜牧业为补充。而畜牧业需要大面积的草场，如果人口众多，人们势必会开垦牧场，以收益更好的农业来代替畜牧业，所以畜牧业的存在证明当时尚有大量的没有开发的土地。

从西周到春秋较长的一个历史时期内，由于生产工具简陋，所以人仍然是最主要的生产力，再加上相对落后的生产工具和生产技术，在很大程度上制约了劳动生产效率。社会生产的不足还制约了人口的增长，因为每个历史时期的人口都和当时的耕地面积、单位产量密切相关，甚至可以说取决于这些条件。因为相应的人口必定要求有相应的耕地，单位面积产量也只能为相应的人口提供基本的生活资料，而这些因素都决定了人对生态环境的影响程度。这一时期由于人口数量少，人口增加缓慢，物质生活水平较低，所以从生产到生活，都对生态环境影响不大，使这一时期的生态环境得以较好地保持下来。

第二节 人口、战争与生态环境

一 人口与生态环境

人类的生存离不开自然环境，尤其是在生产力落后的时代，人类对自然环境的依赖性就更大。人类为了生存，必须不断地向自然环境索取维持其自身生活所必需的生活资料，因此，人口数量与生态环境有着极为密切的关系，人口越多，对自然环境的影响就越大，尤其在古代社会更是如此。但是在西周和春秋时期，人口并没有对生态环境造成太大的影响，换句话说，就是这一时期的人口数量比较少，其生产活动、消费活动都不足以对生态环境形成威胁。最能证明这一点的，就是当时政治家、思想家对人口的渴望。无论是从传世的还是从出土的文献里，我们都可以发现西周春秋时期，整个社会对人口的增长怀着极大的兴趣。

表现之一就是我国古代很早就开始实行的人口统计，据《国语·周语上》记载，早在公元前789年，周宣王就"料民于太原"，就是对其所掌握的人口进行一次调查和登记，葛剑雄认为这是中国进行人口调查的最早确切记录，[①] 反映了古代君王对人口的重视。

表现之二是当时社会对战俘的重视程度。仔细研究当时的资料，可以看出当时的战争与其说是为了争夺土地，还不如说是为了争夺人口。如西周早期的小盂鼎记载盂奉命去伐鬼方，一战俘获人口13081人，[②] 大盂鼎则记载周王赏赐盂人口659人，[③] 把这些数字作为重要的事情记载在青铜器皿上，足见当时社会对其的重视。而戎狄对诸华开战也是如此，如"敔簋"记载敔从南淮夷手中夺取被俘王人400人，[④] "多友鼎"记载多友从狁夺回旬人及京师之人若干人。[⑤]《史记·周本纪》里面也说："薰育戎狄攻之，欲得财物，予之。已，复攻，欲得地与民。"说的是给了入侵的少数民族财物后对方依然不退兵，目的在于夺取土地和人民。

表现之三是对"授民"的重视，《左传》定公四年说到西周初年鲁、卫、晋三国的受封，鲁得到了殷民六族，康叔得到殷民七族，唐叔得到怀姓九宗。古代诸侯对人口的重视，正如金景芳先生所言："古时，诸侯受封所缺的不是土地而是人民。正因为这样，所以伯禽受封分以殷民六族，康叔受封，分以殷民七族，

---

① 葛剑雄：《西汉人口地理》，人民出版社1986年版，第5页。
② 中国社会科学院考古研究所编：《殷周金文集成》（第5集），中华书局1984年版，第2839页。
③ 同上书，第2837页。
④ 中国社会科学院考古研究所编：《殷周金文集成》（第8集），中华书局1984年版，第4323页。
⑤ 田醒农：《多友鼎的发现及其铭文试释》，《人文杂志》1981年第4期。

唐叔受封，分以怀姓九宗。"①《公羊传》宣公十二年引楚庄王语曰："君子笃于礼则薄于利，要其人而不要其土。"《逸周书·大聚解》总结文王兴周的经验也说："闻之文考，来远宾，廉近者，道别其阴阳之利，相土地之宜，水土之便，营邑制，命之曰大聚。"由此可见，当时社会对人口的渴望，这正和战国时代人口过剩，许多思想家为此而苦恼形成了鲜明的对比。

关于西周和春秋时期的人口数量，后世学者也做了一些研究，如《后汉书·郡国志》刘昭注引皇甫谧《帝王世纪》称："及周公相成王……民口千三百七十一万四千九百二十三人……至齐桓公二年，周庄王之十三年……凡千百八十四万七千人。"但是这里所列举的数字已被学术界公认是不可靠的。童书业则估计西周建国之初人口不过一二百万，② 周自强则认为春秋时期"中原华夏人口总计在600万人左右"。③

然而至今为止我们还没有发现任何关于西周春秋时期人口数量的记载，所以对当时的人口做出准确计算难以做到。但是我们可以综合历史记载得出这样的结论，"那就是自西周以来，土地多，人口少，人不称土的现象终春秋之世没有发生根本改变"。④由于人口数量少，对自然资源的需求是十分有限，所以这一时期的生态环境没有受到过分的掠夺和破坏，从而得以保持良好的状态。

二 战争与生态环境

在古代社会，对生态环境影响最大的因素当数战争。但是，

---

① 金景芳：《金景芳古史论集》，吉林大学出版社1991年版，第208页。
② 童书业：《春秋左传研究》，上海人民出版社1983年版，第305页。
③ 周自强：《中国经济通史》《先秦经济卷》（下），经济日报出版社2000年版，第1324页。
④ 常金仓：《穷变通久——文化史学的理论与实践》，辽宁人民出版社1998年版，第265页。

在生产力水平、人口数量等条件的制约下，西周和春秋时期的战争虽然也对生态环境造成了一定程度的破坏，但这并不是致命的。这一时期的战争，有着大致相同的特点：一是战争规模都比较小，如西周灭商的牧野之战，西周的军队只有戎车三百乘，虎贲三千人；对此，许多文献都有记载：

  周车三百五十乘陈于牧野。(《逸周书·克殷解》)
  武王之伐殷也，革车三百两，虎贲三千人。(《孟子·尽心下》)
  武王卒三千人，革车三百乘，斩纣于牧之野。(《战国策·魏二》)
  汤、武之卒不过三千人，车不过三百乘，立为天子。(《战国策·赵二》)
  武王虎贲三千人，简车三百乘。(《吕氏春秋·简选》)
  故选车三百，虎贲三千。(《吕氏春秋·贵因》)
  遂率戎车三百乘，虎贲三千人，甲士四万五千人，以东伐纣。(《史记·周本纪》)
  武王将素甲三千。(《韩非子·初见秦》)
  武王以择车百两，虎贲之卒四百人。(《墨子·明鬼下》)

无论如何，以上记载都充分说明，西周攻打商朝时军队不是很多，尽管《史记·周本纪》说："诸侯兵会者车四千乘，陈师牧野。帝纣闻武王来，亦发兵七十万人距武王。"不过许多学者认为这样规模的战争只有战国时期才可行，殷周之际是根本不可能的。春秋时期规模较大的战役如城濮之战、鞌之战等，双方投入的兵力也不过几万人，相对于战国时期动辄几十万、甚至上百万的战争规模，其对生态环境的破坏程度也相对较小。

二是战争持续时间都很短。如著名的牧野之战只用了一天时间就决出了胜负,《韩非子·初见秦》说"战一日破纣之国",意思是西周灭商的战争仅用了一天就结束了,杨宽先生经过研究,得出了与此相同的结论。[①] 春秋时期规模较大的战役如城濮之战等也都是在一天之内决出了胜负,相对于战国时期旷日持久的战争如持续了三年的长平之战、长达五年的赵攻打中山国之战,这时期的战争对生态环境的破坏可以说是微不足道的。

三是西周春秋时期的战争都以兵车为主,南方则以舟车为主,这在很大程度上限制了战争的场合,使战争只能在有限的场地上进行,从而限制了其对生态环境的大范围破坏。

西周春秋时期战争的上述特点,不仅决定了当时的战争对生态环境的直接破坏程度较轻,同时其间接影响也较小。众所周知,战争的耗费是巨大的,《孙子兵法·作战篇》:"凡用兵之法,驰车千驷,革车千乘,带甲十万,千里馈粮,则内外之费,宾客之用,胶漆之材,车甲之奉,日费千金,然后十万之师举矣。"伍子胥提到当时的战争耗费时说:"十万之众,奉师千里,百姓之费,国家之出,日数千金。"[②] 伍子胥是春秋后期之人,当时战争规模开始有所升级。而从西周到春秋中前期,战争的规模一直较小,其所需要的用来装备武器、制造战车的木材、士兵所穿的衣服数量、吃的粮食数量等也相应较少,那么对生态环境的开发和掠夺程度也就较轻。

总之,从西周到春秋时期,无论是从生产力水平、人口数量,还是从战争规模来看,在古代能够对生态环境造成极大破坏的条件在这一时期尚不具备,尽管说一定的影响还是有的,但从整体上来说,这些因素还不足以对生态环境造成严重的影响或者

[①] 杨宽:《西周史》,上海人民出版社1999年版,第495—500页。
[②] 赵晔:《吴越春秋》,江苏古籍出版社1999年版,第72页。

破坏，所以这一时期的生态环境状况能够保持较好的状况。

第三节　保持良好的生态环境状况

一　草地植被状况

人类活动对于自然生态环境的影响，在植被方面表现得最为直接。英国学者安德鲁·古迪认为："在开始考虑人对环境的影响时，一般应从植被开始，因为人对植物生命的影响要比对周围环境的其他组成部分的影响更大。人通过给植物带来的变化改造土壤，影响气候，影响地貌变化过程，并改变某些天然水体的质和量。实际上，整个景观性质的变化都起源于人多导致的植被改变。"① 人类为了生活和生产焚烧森林、砍伐树木、开垦荒地等活动，都在改变原始生态的自然面貌，从而破坏了生态环境。人类早期，尤其在农业产生之前，基本能够保持原生的生态环境，生态环境基本没有遭到什么破坏。随着人类社会的不断进步，植被状况开始改变。

关于西周时期的草地植被状况，很多古典文献为我们保留了珍贵的资料，使我们能够通过它们比较准确地了解当时的生态状况。《诗经》里面这样的记载随处可见。如《国风·秦风·蒹葭》中：

蒹葭苍苍，白露为霜。所谓伊人，在水一方，溯洄从之，道阻且长。溯游从之，宛在水中央。蒹葭萋萋，白露未晞。所谓伊人，在水之湄。溯洄从之，道阻且跻。溯游从之，宛在水中坻。蒹葭采采，白露未已。所谓伊人，在水之

---

① ［英］安德鲁·古迪：《人类影响——在环境变化中人的作用》，郑锡荣等中译本，中国环境出版社1989年版，第19页。

涘。溯洄从之,道阻且右。溯游从之,宛在水中沚。

读了这首诗,我们的眼前马上会出现一幅优美的生态画面:在茫茫无际的芦苇丛中,水波荡漾,水流清澈,一个漂亮的女子,在水的对岸,风姿美妙,令人向往。美丽的景色,令人产生无限遐想。还有另一首诗,使我们看到了另外一幅美丽的自然画面。如《国风·郑风·野有蔓草》中:

野有蔓草,零露漙兮。有美一人,清扬婉兮。邂逅相遇,适我愿兮。野有蔓草,零露瀼瀼。有美一人,婉如清扬。邂逅相遇,与子偕臧。

野外到处是丛生的蔓草,美丽的环境,美丽的女子,令人不由产生了爱慕之情,想和她一起陶醉在这美丽和谐的迷人环境中。

《国风·唐风·葛生》则记载:"葛生蒙楚,蔹蔓于野。……葛生蒙棘,蔹蔓于域。"《王风·葛藟》亦曰:"绵绵葛藟,在河之浒。……绵绵葛藟,在河之涘……绵绵葛藟,在河之漘。"《陈风·泽陂》:"彼泽之陂,有蒲与荷。……彼泽之陂,有蒲与蕳。……彼泽之陂,有蒲菡萏。"

这两首诗使我们看到了薮泽旁的坡地上和野地里长满了各种野生植物的画面,使我们好像置身其中,在品赏各种美丽的野藤、小草和花朵。

《卫风·淇奥》的描写则使我们看到当时淇河两岸密密麻麻的翠竹在河边随风摇曳、满眼碧绿,使人流连忘返的景象:"瞻彼淇奥,绿竹猗猗。……瞻彼淇奥,绿竹青青。……瞻彼淇奥,绿竹如箦。"

而《小雅·鹿鸣之什·鹿鸣》:"呦呦鹿鸣,食野之苹。……呦呦鹿鸣，食野之蒿。……呦呦鹿鸣，食野之芩。"更使我们看到了漫山遍野的草地上，鹿群悠然自得的场景。

值得一提的是，这些诗歌出自不同的地区，说明所记载的植被草地状况反映的不只是一个地方的情况，而是包括西周王朝和其诸侯国所管辖的广大区域。这些来自于民间劳动、生活时的创作成果使我们直观地看到了当时美好的生态环境状况。

《周礼·夏官·职方氏》则概括地为我们描述了当时九薮为代表的生态环境状况：

> 东南曰扬州，其山镇曰会稽，其泽薮曰具区，其川三江，其浸五湖，其利金锡竹箭，其民二男五女，其畜宜鸟、兽，其谷宜稻。正南曰荆州，其山镇曰衡山，其泽薮曰云梦，其川江汉，其浸颍湛，其利丹银齿革，其民一男二女，其畜宜鸟兽，其谷宜稻。河南曰豫州，其山镇曰华山，其泽薮曰圃田，其川荧雒，其浸波溠，其利林漆丝枲，其民二男三女，其畜宜六扰，其谷宜五种。正东曰青州，其山镇曰沂山，其泽薮曰望诸，其川淮泗，其浸沂沭，其利蒲鱼，其民二男二女，其畜宜鸡狗，其谷宜稻麦。河东曰兖州，其山镇曰岱山，其泽薮曰大野，其川河泲，其浸卢维，其利蒲鱼，其民二男三女，其畜宜六扰，其谷宜四种。正西曰雍州，其山镇曰岳山，其泽薮曰弦蒲，其川泾汭，其浸渭洛，其利玉石，其民三男二女，其畜宜牛马，其谷宜黍稷。东北曰幽州，其山镇曰医无闾，其泽曰貕养，其川河泲，其浸菑时，其利鱼盐，其民一男三女，其畜宜四扰，其谷宜三种。河内曰冀州，其山镇曰霍山，其泽薮曰杨纡，其川漳，其浸汾潞，其利松柏，其民五男三女，其畜宜牛羊，其谷宜黍稷。正北曰并州，其山镇曰恒山，其泽薮曰昭余祁，其川虖池呕夷，其浸涞易，其利布帛，其民二男三女，其畜宜五扰，其谷宜五种。

虽然《周礼》成书于战国时期,但是书中许多资料是西周、春秋时期的也是学者公认的。而且根据战国时期也不可能有这么好的生态环境,所以我们可以认定这里所描写的是战国之前的生态环境状况。比如其中的圃田泽,郦道元如此说:"泽多麻黄草……诗所谓东有圃草也,皇武子曰郑之有原圃,犹秦之有具圃。"他还对圃田泽的面积进行了描述:"东西四十许里,南北二十许里。"[①] 可见其规模之宏大,而圃田泽只是天下著名九泽之一,一个泽的生态环境如此,根据当时的社会条件分析,其他八泽的生态情况想必也不会差到哪里去。

植被茂密,良好的生态环境保持了很长一个时期。随着人口的增加,人们的活动面积也开始扩大,人们为了居住或者进行生产就必须铲除原来的植被,于是不断有新的地方被开辟出来,植被原貌也被改变,生态环境也开始发生变化。

《盐铁论·轻重》篇说:"昔太公封于营丘,辟草莱而居焉。"姜太公被封到齐国之前,那里人口稀少,草木丛生。受封到那里的人们于是开始铲除它们,以开辟出空地供人类居住。同样,《左传》宣公十二年则记载楚人的祖先:"若敖、蚡冒筚路蓝缕,以启山林。"昭公十二年也说楚人的祖先"先王熊绎,辟在荆山,筚路蓝缕以处草莽,跋涉山林以事天子"。也如实地反映了楚人的先祖封到南方时,那里还是草木丛生的情况。

这种良好的草地植被状况一直保持到春秋时期,据《左传》昭公十六年记载,郑国东迁到虢、郐之地时,那里还处于荆棘丛生的状态,郑国人于是"庸次比耦,以艾杀此地,斩之蓬蒿藜藋",把丛生的野生植物铲除之后,然后才在当地生存

---

① 郦道元著,王先谦校:《水经注》,巴蜀书社1985年版,第380—381页。

并逐渐发展起来;襄公十四年同样的记载,姜戎氏的首领说:"(惠公)赐我南鄙之田,狐狸所居,豺狼所嗥。我诸戎除剪其荆棘,驱其狐狸豺狼。"反映的是姜戎氏所受封之地,动物出没,野草丛生。为了生存,他们也是不辞辛苦,铲除荆棘。

由此我们可以断定,直到春秋前期,古代的生态环境状况还是美好的,美丽如画,郁郁葱葱的生态环境使人生活在幸福之中。

生态环境的美好,以至于使人们留恋不舍而哀叹生命的有限,史载"齐景公游于牛山,北临其国城而流涕曰:'美哉国乎!郁郁芊芊,若何滴滴去此国而死乎?使古无死者,寡人将去斯而之何?'"① 正是由于牛山郁郁芊芊的生态状况,使齐景公触景生情,留恋人生的美好,从而滋生了贪生怕死的情绪。

二 森林茂密,树种多样

森林是人类的保护伞,是保持地球生态平衡的主要生态系统。森林对于保护生态环境有着重要的作用,比如森林能够涵养水源、防止风沙、保持水土、调节气候、净化空气等。正如专家学者说的那样:"森林与人类的生活密切相关。森林能净化空气,将人类和动物呼出的二氧化碳转化为人类和其他生物所需要的氧气。树木可以造土、固土,防止水土流失和保持空气湿润。树木的光合作用可通过吸收二氧化碳而减弱温室效应,从而防止大气升温、调节气候。"②

一个好的生态环境是离不开森林的。如果破坏了森林,必定使原有的生态环境遭受严重的破坏,甚至导致严重的灾难。古代

---

① 杨伯峻:《列子集释》,中华书局1979年版,第213页。
② 陶家祥、季堃宝:《生态与我们》,上海科技教育出版社1995年版,第27页。

埃及、两河流域、古代印度、古希腊、古罗马都是因为扩大耕地，而砍伐森林，开垦草原，导致水土流失，土地干旱，荒漠化严重，导致严重的生态问题，影响人类文明的进程，最终导致文明的失落，这是学者公认的，正如马正林所说："森林是地球上最大的生态系统，和人类的生产、生活的关系极其密切。"①余谋昌则说："树木撑起了天空，如果森林消失，世界之顶的天空就会塌落，自然和人类就一起灭亡。"② 由此可见，森林对于生态环境的重要性，对于人类社会的重要性。

在历史时期，我国的森林状况是相当好的，余谋昌指出："约在六七千年以前，我国森林和草原的面积十分广阔，从东南向西北，大致是森林、草原及荒漠三个地带，森林和草原占了祖国土地面积的四分之三。仅就森林来说，大约占了全国总面积的二分之一左右。"③

到了西周时期，我国的森林状况还是比较好的。史念海先生经过多年的研究，得出了令人信服的结论："周人迁居周原时，岐山的森林参天蔽日，郁郁葱葱，到处是一片绿色的海洋。"④他还指出："关中平原的森林最为繁多。这里的冲积平原及河流两侧的阶地就有不少的大片森林，因其规模和树种的不同，而有平林、中林和桃林等名称。……这样的森林是巨材生长的地方，常为桥鸟（野鸡）所牺止，鹿群也常在里面活动。……正因为森林不少，直到战国末年，还有人称它是'山林川谷美，天材之利多'。"⑤

---

① 马正林：《中国历史地理简论》，陕西人民出版社1987年版，第15页。
② 余谋昌：《创造美好的生态环境》，中国科学出版社1997年版，第23页。
③ 同上。
④ 史念海：《河山集》（第2集），生活·读书·新知三联书店1981年版，第227页。
⑤ 同上书，第234—235页。

在当时生产力比较落后的情况下,人类对自然的影响显然是较小的,这种良好的生态状况一直保持到春秋时期,"春秋时代,渭河上游的森林已见于文字的记载,林区亦至为广泛。由于森林繁多,材木易得,因而当地盛行'板屋'"。[1] 马正林也认为战国之前,华北和黄河中游地区,"广大地区都还被森林和丛草所覆盖,植被情况十分良好"。[2] 当时的这一地区,"是我国主要的暖温带林区,绿波万里,别有风趣"。[3] 李星学则进一步认为:"黄土高原曾是草丰林密的沃野。西周时期,森林覆盖率达53%,森林面积约为4.8亿亩。其余地方则为一望无际的茫茫草原,因而黄河的很多支流清澈见底。"[4] 余文涛等学者也认为:"周代的生态保护取得了明显的成效……开发较早的黄土高原依然是林木参天,森林总面积达4.8亿亩,覆盖率达53%。"[5]

如果说上述学者的话还不能令人信服,那么相关的文献记载则给我们提供了很多有力的证据,使我们看到这一历史时期古代中国的森林状况。如《诗经》里这样的记载就很多:

> 瞻彼旱麓,榛楛济济。岂弟君子,干禄岂弟。瑟彼玉瓒,黄流在中。岂弟君子,福禄攸降。鸢飞戾天,鱼跃于渊。岂弟君子,遐不作人?清酒既载,骍牡既备。以享以祀,以介景福。瑟彼柞棫,民所燎矣。岂弟君子,神所劳矣。莫莫葛藟,施于条枚。岂弟君子,求福不回。(《大

---

[1] 史念海:《河山集》(第2集),生活·读书·新知三联书店1981年版,第237页。
[2] 马正林:《中国历史地理简论》,陕西人民出版社1987年版,第18页。
[3] 同上书,第23页。
[4] 李星学、王仁农编:《还我大自然——地球敲响了警钟》,清华大学出版社2002年版,第13页。
[5] 余文涛、袁清林、毛文永:《中国的环境保护》,科学出版社1987年版,第22页。

雅·旱麓》)

东门之杨，其叶牂牂。昏以为期，明星煌煌。东门之杨，其叶肺肺。昏以为期，明星晢晢。(《国风·陈风·东门之杨》)

这两段记载使我们看到当时山上成片的榛树、楛树郁郁葱葱，茂密的森林使生态环境十分优美，树林中间，是清澈的河水淌淌流过，树美水清，鸟飞鱼跃，多么美丽的自然风光！而后一首诗说的是杨树枝叶茂密，给谈情说爱的青年男女提供了一个很好的约会场所。

《诗经》中的其他篇章则使我们看到了当时林木的茂密和品种的丰富。《国风·秦风·车邻》记载的树种有："阪有漆，隰有栗。……阪有桑，隰有杨。"使我们看到的树种有漆、栗、桑、杨。《晨风》则记载道："鴥彼晨风，郁彼北林。……山有苞栎，隰有六驳。……山有苞棣，隰有树檖。"我们在这里能见到的树有苞栎、苞棣等，而且是郁郁葱葱的景观。《终南》篇则曰："终南何有？有条有梅。……终南何有？有纪有堂。"告诉我们说终南山上有茂密的梅树等。《国风·郑风·山有扶苏》曰："山有扶苏，隰有荷华。……山有乔松，隰有游龙。"说的是这里有扶苏和松树等。《国风·唐风·山有枢》："山有枢，隰有榆。……山有栲，隰有杻。……山有漆，隰有栗。"这里让我们看到的是六种树木，足见山上树木品种之丰富。

而《小雅·南山有台》的记载更为详细："南山有台，北山有莱。……南山有桑，北山有杨。……南山有杞，北山有李。……南山有栲，北山有杻。……南山有枸，北山有楰。"这里的树木更多，有桑有杨，有杞有李，有栲有杻，有枸有楰，这么多的树种，长得枝盛叶茂，郁郁葱葱，令人向往。资料充分说明了当时树种多样、林木茂盛的实际情况。

而另外一本古代文献《山海经》里的记载则可以和《诗经》里的记载互相印证,使我们更加确信文献所载确系当时的实际情况。比如《西山经》曰:"华山之首,曰钱来之山,其上多松……小华之山,其木多荆杞……石脆之山,其木多棕楠,其草多条……英山,其上多杻橿……竹山,其上多乔木……浮山,多盼木,枳叶而无伤,木虫居之。……南山,上多丹粟。……大时之山,上多谷柞,下多杻橿……天帝之山,多棕楠……翠山,其上多棕楠,其下多竹箭。"

史念海先生认为:钱来之山和小华之山在今华阴县,石脆之山和英山在今华县,竹山在今渭南县,浮山在今临潼县,南山在西安市南,大时之山就是太白山。①

再比如《西次四经》记载:"申山,其上多谷柞,其下多杻橿。……鸟山,其上多桑,其下多楮。上申之山……下多榛楛,兽多白鹿。……号山,其木多漆、棕,其草多药、虈、芎藭。……白於之山,上多松柏,下多栎檀。"

《中山经》:"薄山之首,曰甘枣之山……其上多杻木。……历儿之山,其上多橿,多枥木,是木也,方茎而员叶,黄华而毛,其实如楝。"

《中次五经》:"首山……木多槐。……条谷之山,其木多槐桐。……成侯之山,其上多櫄木,其草多芃。……历山,其木多槐。……良余之山,其上多谷柞,无石。……升山,其木其多谷柞棘。"

这样的记载在《山海经》里比比皆是,限于篇幅,不能一一列举,但已足以反映当时的中国森林茂密、树种丰富的情况。

如果说这里记载的只是长安周围的情况,那么其他地方的林

---

① 史念海:《河山集》(第2集),生活·读书·新知三联书店1981年版,第239页。

木状况如何呢？据《尚书·禹贡》篇记载：济、河惟兖州一带"厥土黑坟，厥草惟繇，厥木惟条"，就是说这里的土质又黑又肥，草是茂盛的，树是修长的；而海、岱及淮惟徐州一带"厥土赤埴坟，草木渐包"，意思是这里的土是红色的，草木不断滋长而丛生很茂盛；淮、海惟扬州一带也是"篠簜既敷，厥草惟夭，厥木惟乔"，说这里大竹和小竹已经遍布各地，这里大草很茂盛，这里的树很高大。因此，西周时期森林茂密、树种多样之良好生态状况是绝对没有疑问的。

三 野生动物资源丰富，品种繁多

有了良好的植被和森林环境，毫无疑问使动物有了更多更合适的生长、繁殖、栖息的场所，也使更多品种的野生动物被吸引过来。人和自然环境和睦相处，悠然自得，这种状况使后世的思想家十分羡慕的。如西汉时期，中国古代的生态环境问题已经比较严重，并引起了许多政治家、思想家的重视，他们纷纷著书立说，阐述自己的生态环境保护主张。而周代良好的生态环境，无疑使他们十分向往，比如司马迁在《史记·周本纪》里描述殷周之际的生态环境状况是"麋鹿在牧，飞鸿遍野"，可见在他的心目中，当时的生态环境是多么的美好。

《诗经》如实地记录了西周初年到春秋中叶的历史和社会生活，更是有大量生动翔实的关于野生动物记载，其所记飞禽走兽不仅品种多、数量大，而且栩栩如生，使我们仿佛置身于当时的生态环境之中，和各种野生动物和谐相处、亲密接触。

让我们先看看《诗经》里对兽类的记载。首先看反映百姓日常生活、劳动的《国风》：《卫风·有狐》篇曰："有狐绥绥，在彼淇梁。……有狐绥绥，在彼淇厉。……有狐绥绥，在彼淇侧。"反映的是狐狸和人类之间相安无事的场面。

《王风·兔爰》则记载了兔子："有兔爰爰，雉离于罗。……有兔爰爰，雉离于罦。……有兔爰爰，雉离于罿。"

《唐风·羔裘》则有"羔裘豹袪……羔裘豹袖"的记载，说明当时豹子不少，它们的皮毛被做成皮衣。而《豳风·狼跋》则记载了狼的活动："狼跋其胡，载疐其尾。公孙硕肤，赤舄几几。狼疐其尾，载跋其胡。公孙硕肤，德音不瑕？"《大雅·韩奕》有关于熊、猫、虎的描述："有熊有罴，有猫有虎。"

相比于狐狸、兔子、狼、豹子、熊、猫、虎等野兽，《诗经》里对鹿的记载好像更多，《大雅·桑柔》："瞻彼中林，甡甡其鹿。"《大雅·韩奕》："孔乐韩土，川泽訏訏，鲂鱮甫甫，麀鹿噳噳。"《大雅·灵台》："王在灵囿，麀鹿攸伏；麀鹿濯濯，白鸟翯翯。王在灵沼，於牣鱼跃。"《小雅·鹿鸣》："呦呦鹿鸣，食野之苹。……呦呦鹿鸣，食野之蒿。……呦呦鹿鸣，食野之芩。"《小雅·吉日》："兽之所同，麀鹿麌麌。"这些记载，使我们看到了当时麋鹿和人类的亲密接触，两者和平共处，互不侵犯，构成了一幅美丽的生态画面。而在我们今天，它们和人类的距离越来越远。

除了这些，当时还有一些对我们今天来说属于是稀有动物的野兽也能见到，《小雅·吉日》记载说："既张我弓，既挟我矢。发彼小豝，殪此大兕。"这里的大兕就是犀牛，在当时也是很常见的猎物。

野生的动物和人类和谐相处，而经过人工驯化的牲畜数量也很多，它们和其它的野生动物一起，使古代的生态画面更加完成和美丽。如《小雅·无羊》："谁谓尔无羊？三百维群。谁谓尔无牛？九十其犉。尔羊来思，其角濈濈。尔牛来思，其耳湿湿。"各种野生的、驯养的野兽和牲畜，成群结队，觅食饮水，林中河边栖息，多么悠闲，多么自在。

和野兽相比，鱼鸟之类更是随处可见，这在《诗经》全书里面都有记载：

《鲁颂·泮水》:"翩彼飞鸮,集于泮林。"
《周颂·振鹭》:"振鹭于飞,于彼西雍。"
《大雅·旱麓》:"鸢飞戾天,鱼跃于渊。"
《小雅·鹤鸣》:"鹤鸣于九皋,声闻于野。鱼潜在渊,或在于渚。……鹤鸣于九皋,声闻于天。鱼在于渚,或潜在渊。"
《小雅·黄鸟》:"黄鸟黄鸟,无集于穀,无啄我粟。……黄鸟黄鸟,无集于桑,无啄我粱。……黄鸟黄鸟,无集于栩,无啄我黍。"
《国风·秦风·黄鸟》:"交交黄鸟,止于棘。……交交黄鸟,止于桑。……交交黄鸟,止于楚。"
《国风·周南·葛覃》:"黄鸟于飞,集于灌木,其鸣喈喈。"
《国风·周南·关雎》:"关关雎鸠,在河之洲。"
《国风·召南·鹊巢》:"维鹊有巢,维鸠居之。……维鹊有巢,维鸠方之。……维鹊有巢,维鸠盈之。"
《国风·鄘风·鹑之奔奔》:"鹑之奔奔,鹊之彊彊。……鹊之彊彊,鹑之奔奔。"
《国风·邶风·雄雉》:"雄雉于飞,泄泄其羽。"
《国风·魏风·伐檀》:"不狩不猎,胡瞻尔庭有县貆兮?……不狩不猎,胡瞻尔庭有县特兮?……不狩不猎,胡瞻尔庭有县鹑兮?"
《国风·唐风·鸨羽》:"肃肃鸨羽,集于苞栩。……肃肃鸨翼,集于苞棘。……肃肃鸨行,集于苞桑。"
《国风·曹风·鸤鸠》:"鸤鸠在桑,其子七兮。……鸤鸠在桑,其子在梅。……鸤鸠在桑,其子在棘。……鸤鸠在桑,其子在榛。"
《小雅·鸿雁》:"鸿雁于飞,肃肃其羽。……鸿雁于飞,集于中泽。……鸿雁于飞,哀鸣嗷嗷。"

《小雅·沔水》:"沔彼流水,朝宗于海。鴥彼飞隼,载飞载止。……沔彼流水,其流汤汤。鴥彼飞隼,载飞载扬。……鴥彼飞隼,率彼中陵。"

从上面的资料中,我们可以看到见于记载的飞鸟有十几种,而且数量庞大,成群结队地飞翔在河边、林间、空中,难怪司马迁说当时是"飞鸿遍野"。

另外,还有很多相关的资料也能反映出当时野生动物数量庞大、品种丰富。如《穆天子传》记载周穆王西行狩猎,"得麇、麋、豕、鹿四百又二十,得二虎,九狼";《逸周书·世俘解》则说:"武王狩,禽虎二十有二,猫二,麋五千二百三十五,犀十有二,氂七百二十有一,熊百五十有一,罴百一十有八,豕三百五十有二,貉十有八,麈十有六,麝五十,麇三十,鹿三千五百有八。"武王在一次狩猎中就杀获各种野兽一万多头,恰恰证明当时野生动物数量之多和品种之丰富。西周早期的《小盂鼎》也记载了在战争中"俘牛三百五十五牛,羊卅八羊……俘马四百匹。"①

如此众多的野兽,远远超出了人类的需求,甚至会影响到人们的生命安全和生活,给人类的生活和生产带来不便。于是,古人已经开始想方设法驱赶它们,使它们远离人类,如《吕氏春秋·古乐篇》曰:"殷人服象,为虐于东夷。周公以师逐之,至于江南。"《孟子·滕文公下》云:"周公相武王,诛纣、伐奄……驱虎豹犀象而远之。"这些虽然是人类和野生动物不和谐一面的反映,但它又是当时野生动物数量极多的一个有力

---

① 中国社会科学院考古研究所编:《殷周金文集成》(第5集),中华书局1984年版,第2839页。

证据。

还需要指出的是,良好的植被、茂密的森林,保持了水土,涵养了水源,再加上当时的河流没有任何污染,于是它成为人类和动物共同享用的不竭资源。对此,《诗经》也有很多记载,如《国风·邶风·新台》记载说邶的河流:"河水弥弥……河水浼浼。"《国风·郑风·溱洧》记载郑国的溱河和洧河的状况是:"溱与洧,方涣涣兮。……溱与洧,浏其清矣。"《国风·魏风·伐檀》则记载了伐木者在清澈的河边劳动的情形:"坎坎伐檀兮,置之河之干兮。河水清且涟漪。……坎坎伐辐兮,置之河之侧兮。河水清且直猗。……坎坎伐轮兮,置之河之漘兮。河水清且沦猗。"《小雅·鸿雁之什·沔水》也记载说沔水:"沔彼流水,朝宗于海。……沔彼流水,其流汤汤。"清澈透明的河水,郁郁葱葱的植被,使河边流畔成为古人尽享人生的乐土,如《国风·邶风·二子乘舟》:"二子乘舟,泛泛其景。……二子乘舟,泛泛其逝。"说的是两个年轻人泛舟水上的优哉生活,再如《鲁颂·泮水》:"思乐泮水,薄采其芹。……思乐泮水,薄采其藻。……思乐泮水,薄采其茆。"反映的是人们在美丽的泮水河边劳作、娱乐的场景。而这些美妙的处境,是后世人们绝对无法享受得到的。

综上所述,从西周直到春秋时期,确实保持着水清草绿、林木茂密、野兽成群的原始生态状况,这是令后世社会羡慕不已的一种良好状况。但是我们对此必须保持清醒、客观的头脑,不能因为这时期的生态环境状况良好就自我陶醉,因为这一时期的生态状况良好是由其自身的众多因素造成的。此时人类自身对于生态环境并没有进行过多的保护,我们更不能认为从这时期开始中国就有了完善的生态环境保护机构,就产生了丰富的生态环境保护思想。客观地讲,这一时期生态环境状况的良好,在很大程度上并不是人为的有意识的结果,而是多种客观因素共同作用的结果。我们不能因此就断定这一时期是生态的"黄金时代",从而对这时已经开始出现的生态环境问题视而不见。

第 三 章

初露端倪的生态环境问题

大量的史料使我们可以断定，西周至春秋时期的生态环境保持着良好的状况，那是令人羡慕不已的原生态环境。但是我们绝不能就此断定当时不存在生态环境问题，有的学者就十分乐观地将周代称为生态环境的"黄金时代"，这个结论显然不够客观，尚需商榷，本文将在后面的章节论及。从西周到春秋期间，社会生产力有了明显的提高，整个社会经济也有所发展，人口数量大大增加，于是加大了对资源的需要量。如耕地，当时获得耕地的主要办法是焚烧草莱、砍伐林木。物质的丰富和人口的增长还刺激了社会消费的扩大，生态环境承受的压力越来越大。另外，平王东迁之后，天子失势，诸侯国之间为了争夺土地和人口而进行的战争此伏彼起，规模浩大。再加上这期间频繁发生的自然灾害等，都会对生态环境造成破坏，生态环境问题也随之产生。

第一节　农业生产发展对生态环境的影响

虽然从西周到春秋时期中国古代农业生产工具没有发生质的变化，生产技术也没有显著的进步，水平较低的农业生产水平似乎对生态环境没有什么影响。但是如果仔细回顾古代农业的发展过程，我们就会发现事实的真相。

人类社会最早的生产方式是采集、渔猎，因为这种生产方式具有极大的不稳定性，难以保证人类正常基本生活所需的食物供给，严峻的形势迫使原始人必须寻求新的可靠的生产方式。在长期的生产实践中，远古人类终于发明了农业。而自从农业产生后，它就成为整个社会的决定性的部门，"农业劳动是其他一切劳动得以独立存在的自然基础和前提"。[①] 而发展农业的首要条件是适宜种植的耕地，在原始社会，生产工具极为简陋，用它们来开垦农田既费力又费时，于是，刀耕火种就成为当时最为便捷的方式，它不仅可以很方便地开垦出大片的耕地，又可以利用草木的灰烬为肥。这种粗放的生产方式对生态环境所造成的影响文献早已有所记载，比如《孟子·滕文公上》：

> 当尧之时，天下犹未平，洪水横流，氾滥于天下，草木畅茂，禽兽繁殖，五谷不登，禽兽逼人，兽蹄鸟迹之道交于中国。尧独忧之，举舜而敷治焉。舜使益掌火，益烈山泽而焚之，禽兽逃匿。

这段文字告诉了我们以下事实：在尧所处的原始社会时期，生态环境基本上保持着完美的状态，当时树木茂盛，禽兽众多，到处可见兽蹄鸟迹。这种状况甚至引起了尧的担心，他派舜去治理这个问题，舜则命令益用火攻的办法解决，于是益放火焚烧山林以驱赶野兽，结果禽兽都被火吓走，跑得不见踪影，这显然是人为改变生态环境的做法。

同样的记载还见于《大戴礼记·五帝德》："（舜）使益行火，以辟山莱。"这里的辟山莱显然也是为了发展农业。

---

① 马克思：《剩余价值论》（第1册），《马克思恩格斯全集》（第26卷）（1），第28—29页。

《管子·揆度》则记载说:"黄帝之王……烧山林,破增薮,焚沛泽,逐禽兽,实以益人,然后天下可得而牧也。"

这些史料如实告诉我们,焚林烧荒的确是农业社会形成以后古人为了获取耕地而常用的也很有效的方法。通过这种办法,原始人得到了他们所需要的耕地以发展农业。但是这种方法造成的直接结果是森林草木植被被不断地烧毁,同时使大量的禽兽失去了栖身之地,被迫流亡,这无疑是对生态平衡的破坏。同时,由于当时农业生产技术的极端落后,人们还不懂得施肥,还没有保持地力的有效方法,所以通过焚林而得到的耕地往往在耕种一年之后就没有了肥力,于是古人就再次去焚烧草木,开垦耕地,这样不断的循环往复,肯定会烧掉越来越多的林木草丛,从而对生态环境造成一定的破坏。

春秋时期,战争频繁,为了支撑战争,统治者也十分重视发展农业,《左传》襄公三十年说郑国子产上台后,就"使田有封洫,庐井有伍"。就是整理田地四界的水沟,使农田更加合理规范。这样的记载,《国语》里面也很多:《周语中》记载单子告王曰:"陈国道路不可知,田在草间……是弃先王之法制也。"《齐语》:"时雨既至,挟其枪、刈、耨、镈,以旦暮从事于田野。"《越语下》范蠡曰:"田野开辟,府仓实,民众殷。"《吴语》里吴王对申胥说:"农夫作耦,以刈杀四方之蓬蒿。"《吴越春秋·阖闾内传》也记载阖闾言曰:"仓库不设,田畴不垦,为之奈何?"这些记载,形象地反映出当时的统治者对农业发展的重视。在这种情况下,各国大力发展农业生产,也是必然。

西周和春秋时期,生产工具依然比较落后,于是农耕社会初期刀耕火种的生产方式在这一时期依然经常被采用,当时很多诸侯国都通过这种方法来获得耕地,以谋求生存和发展,对此文献也不乏记载。如《诗经·大雅·棫朴》曰:"芃芃棫朴,薪之槱之。济济辟王,左右趣之。"《诗经·大雅·旱麓》:"瑟彼柞棫,民所燎矣。"《礼记·王制》:"昆虫未蛰,不以火田。"反映的就是这种情况。

《左传》对此更是有大量的记载,如桓公七年:"春二月己亥,焚咸丘。"杜注曰:"焚,火田也。"宣公十二年记载楚人的祖先:"若敖、蚡冒筚路蓝缕,以启山林。"昭公十二年也说楚人的祖先"先王熊绎,辟在荆山,筚路蓝缕,以处草莽,跋涉山林,以事天子"。昭公十六年则说郑国东迁到荆棘丛生的虢、郐之地时,"庸次比耦,以艾杀此地,斩之蓬蒿藜藋",襄公十四年也有姜戎氏的首领所说:"(惠公)赐我南鄙之田,狐狸所居,豺狼所嗥。我诸戎除剪其荆棘,驱其狐狸豺狼。"《盐铁论·轻重》篇也说:"昔太公封于营丘,辟草莱而居焉。"这些材料都如实地反映出当时为了生存和发展而焚林造田的情况,可见当时对生态环境进行改造的面积之大、范围之广。

如果说上述材料还不能直接证明当时焚烧山林是为了得到耕地,那么《管子·轻重甲》的记载则非常清楚地说明了这个情况:"齐之北泽烧,火光照堂下。管子入贺桓公曰:'吾田野辟,农夫必有百倍之利矣。'"可以看出,直到春秋时期,通过焚烧草木获得耕地,仍然是当时发展农业生产一种重要的方法。也正因为如此,周代设有专职官员负责焚烧林木,《周礼·秋官》记载柞氏、薙氏等都是负责这一任务的官员:

> 柞氏掌攻草木及林麓。夏日至,令刊阳木而火之。冬日至,令剥阴木而水之。若欲其化也,则春秋变其水火。凡攻木者,掌其政令。
>
> 薙氏掌杀草。春始生而萌之,夏日至而夷之,秋绳而芟之,冬日至而耜之。若欲其化也,则以水火变之。掌凡杀草之政令。

国家专门设置专职官员来负责焚烧草木，由此可以看出在周代焚林造田对于当时农业生产的重要性。尤其值得我们注意的是，刀耕火种的生产方法直到秦汉时期仍然在沿用，《史记·货殖列传》曰："楚越之地，地广人稀……或火耕而水耨。"《盐铁论·通有篇》云："荆扬……伐木而树谷，燔莱而播粟，火耕而水耨。"《汉书·武帝纪》也说："江南之地，火耕水耨。"说是就是这种现象。

众所周知，战国两汉时期中国古代的农业已经取得了飞速的发展，铁器普遍使用，牛耕也开始普及，农业生产技术也有了很大的提高。即使这样，刀耕火种仍然在许多地方存在。那么对于生产工具落后的西周和春秋时期而言，刀耕火种必定是普遍使用的一种手段。

任何时代的生态问题都不是一朝一夕形成的，都是日积月累、渐积所至的结果。由于从原始农业开始发生直到西周春秋时期，刀耕火种一直是一种重要的生产方式，加上耕地肥力的限制以及不断增长的人口对耕地面积的需要，刀耕火种的面积也越来越大。长期的大面积的砍伐林木、焚烧草莱，必定会对生态环境造成一定程度的破坏，从而产生相对应的生态环境问题。

第二节　战争对生态环境的破坏

从西周到春秋的 600 年来，天子失势，礼乐征伐自诸侯出，各国为了争夺土地和人口，不断发生战争。在战争中，或者出于军事装备的需要，或者是为了遏制、战胜敌国，砍伐树木、焚烧草木、捕获屠杀野生动物的行为都是难以避免的，这些行为必然会对生态环境产生较大的破坏。再加上战争频繁，破坏频繁，使遭到破坏的生态环境有时难以很快恢复。只是由于战争规模的不同，对生态环境的影响程度也不同。从总体上来看，西周时期的战争规模相对小，对生态环境的破坏程度略微轻些；而春秋时期尤其是春秋后期，战争规模不断扩大，对生态环境的破坏也越来越大。（参见本书76页）

那场著名的西周灭商的牧野之战，周武王率领的军队只有戎车三百乘，虎贲三千人。对此，许多文献都有记载。

从这些文献记载可以看出牧野大战中西周军队数量确实不是很多，虽然《史记·周本纪》说："诸侯兵会者车四千乘，陈师牧野。帝纣闻武王来，亦发兵七十万人距武王。"但是许多学者认为这是不可能的。而且《韩非子·初见秦》记载周"战一日破纣之国"，意思是这场灭商战争仅用了一天就结束了。所以，我们可以断定，西周灭商战争的规模并不太大，再加上时间短，对生态环境不至于造成很大的破坏。

灭商以后，为了平叛和扩张等目的，西周的战争较为频繁，《孟子·滕文公下》说："周公相武王诛纣，伐奄三年讨其君，驱飞廉于海隅而戮之，灭国者五十，驱虎、豹、犀、象而远之，天下大悦。"战争中，野兽都也受到了影响，足见当时战争对生态环境的破坏。

同样的记载还见于《逸周书·世俘解》：

> 吕他命伐越戏方，壬申，荒新至，告以馘俘。侯来命伐靡集于陈，辛巳至，告以馘俘。甲申，百弇命以虎贲誓，命伐卫，告以馘俘。……庚子，陈本命伐磨；百韦命伐宣方，新荒命伐蜀。乙巳，陈本命新荒蜀磨至，告禽霍侯、艾侯，俘佚侯，小臣四十有六，禽御八百有三百两，告以馘俘。百韦至，告以禽宣方，禽御三十两，告以馘俘。百韦命伐厉，告以馘俘。

虽然说这些战争的规模都不太大，但由于数量很多，必然要影响生态环境。而战争之目的，一是为了征服，二是为了抢夺财物。西周早期的小盂鼎就记载了盂奉康王之命征伐鬼方，取得了"执兽（酋）三人，获馘（guo，耳朵）四千八百又二馘，俘人万三千八十一人，俘马□□匹……俘牛三百五十五牛，羊卅八羊……俘马四百匹"的辉煌战果。[1] 周夷王时，"夷王衰弱，荒服不朝，乃命虢公率六师，伐太原之戎，至于俞泉，获马千匹"。[2] 这些战果都是通过激烈的战斗最终获得的，能取得这样的战果，必定要付出更大的代价，更多的人死于战场，更多的牲畜遭到杀戮。同时，大量的牲畜被虏获而走，对生态平衡必然也会造成一定破坏。

另外，伴随着战争进程而进行的一些仪式或庆祝活动如狩猎，也会给生态环境带来一定的影响，前引《逸周书·世俘解》记载武王克商后在殷郊举行了大规模的狩猎："武王狩，禽虎二十有二，猫二，麋五千二百三十五，犀十有二，氂七百二十有一，熊百五十有一，罴百一十有八，豕三百五十有二，貉十有八，麈十有六，麝五十，麇三十，鹿三千五百有八。"所捕获的野生动物总数为10235只，并且种类繁多。一次就捕杀这么多的猎物，一方面说明当时野生动物资源的丰富，同时也使我们看到了其对生态环境的破坏。

尽管西周相关文献关于战争记载很多，但是对于战争给生态环境造成破坏的记录却很少。究其原由，大概有二，一是当时的战争规模较小，对生态环境的影响相对也小；二是因为当时生态环境状况良好，人们尚未承受由于生态资源匮乏而导致的压力，所以即使生态环境遭到一些破坏也不会引起足够的重视。但是到

---

[1] 中国社会科学院考古研究所编：《殷周金文集成》（第5集），中华书局1984年版，第2839页。

[2] 方诗铭、王修龄：《古本竹书纪年辑证》，上海古籍出版社1981年版，第54页。

了春秋时期，随着社会的发展，生态资源趋于紧张，使人们开始关注生态环境，也开始留意导致生态资源匮乏的各种原因，而当时频繁发生的战争对生态环境所造成的破坏自然开始受到思想家、政治家的关注，在其言论著述中，开始经常论及战争对生态环境的破坏。

对当时战争给生态环境造成破坏的情况做了大量而详细记载的首推《左传》，据《左传》记载，僖公二十八年城濮之战，"晋侯登有莘之虚以观师，曰'少长有礼，其可用也'。遂伐其木，以益其兵"。意思是晋侯命令士兵砍伐山上的树木，以充实军备，一支庞大的军队去砍伐山林，其造成的后果可想而知；襄公九年，"冬十月，诸侯伐郑……杞人、郳人从赵武、魏绛斩行栗"。诸侯的军队联合起来讨伐郑国，为了打击敌国，他们把郑国的表道树一砍而光；襄公十八年，"乙酉，魏绛、栾盈以下军克邿。赵武、韩起以上军围卢，弗克。十二月戊戌，及秦周，伐雍门之萩。……己亥，焚雍门及西郭、南郭。刘难、士弱率诸侯之师焚申池之竹木。壬辰，焚东郭、北郭"。说的是晋国军队在战争中不断纵火、砍伐的行为，他们先是把秦周的萩木都砍伐殆尽，接着把申池旁边的竹子树木都焚烧干净，还把东、南、西、北四个城门也都纵火烧毁；襄公二十五年，"陈侯会楚子伐郑，当陈隧者，井堙木刊。郑人怨之"。在讨伐郑国的战役中，陈、楚军队把郑国的水井填塞，把郑国的树木都给砍伐，生态环境的破坏，影响了人们的生活，所以他们的行为引起了郑国人民的愤恨。

另外，《管子·霸形》记载了楚和宋、郑之间的一场战争对生态环境的破坏："楚人攻宋、郑，烧焫熯焚郑地，使城坏者不得复筑也，屋之烧者不得复葺也。令其人有丧雌雄，居室如鸟鼠处穴。要宋田夹塞两川，使水不得东流，东山之西，水深灭垝，四百里而后可田也。"这场战争中，不仅纵火焚烧城池房屋，使人们流离失所，同时堵塞水道，积水淹灌，结果大面积地破坏了生态环境，给整个社会带来了一场生态灾难。它不仅严重地影响了人们的生活，而且破坏了正常的社会生产。《淮南子·泰族训》也记载说："阖闾伐楚，五战入郢，烧高府之粟，破九龙之钟。"吴楚战争中，生态环境同样遭到了破坏。

上述所列举的只是几次有明确记载的战争对生态环境直接造成较大破坏的史实，而发生在整个春秋时代的战争总数，"据鲁史《春秋》的记载——仅仅在鲁史的二百四十二年里面，列国间军事行动，凡四百八十三次"。[①] 尽管文献并没有给我们留下多数战争破坏生态环境的记录，但是战争对生态环境的破坏和摧残是众所周知、不言自明的，正如亲眼目睹了当时战争状况的老子所说："师之所处，荆棘生焉。大军之后，必有凶年。"[②] 军队交战的地方，生态环境被破坏，导致荆棘丛生，灾难也随之发生。战争对生态环境的破坏，由此可见一斑。而整个春秋时期发生过如此众多的战争，必然会对生态环境造成相当大的破坏。

同时，战争对生态环境的间接影响也很大。前引伍子胥说过："十万之众，奉师千里，百姓之费，国家之出，日数千金。"[③]《孙子兵法·作战篇》更是做了具体阐述："凡用兵之法，驰车千驷，革车千乘，带甲十万，千里馈粮，则内外之费，宾客之用，胶漆之材，车甲之奉，日费千金，然后十万之师举矣。"这些记载说明战争耗费非常巨大，巨大的军事开支成为国家的沉重负担，孙子军事思想之一就是"兵贵速，不贵久"，根源就在于旷日持久的战争对资源的消耗是当时各国所负担不起的。

---

① 范文澜：《中国通史》（第1册），人民出版社1978年版，第130页。
② 高明：《帛书老子校注》，中华书局1996年版，第381页。
③ 赵晔：《吴越春秋》，江苏古籍出版社1999年版，第72页。

西周春秋时期的战争以战车为主，这就要求砍伐大量的林木制造兵车。随着争霸战争愈演愈烈，战争规模也不断升级，各国兵车的数量也不断上升，而且增长的速度令人吃惊。据《左传》记载：晋国拥有的兵车，僖公二十八年城濮之战时为七百乘，成公二年鞌之战为八百乘，昭公十三年的平丘之会已经增至四千乘；楚国的兵车，庄公二十八年为六百乘，到了春秋后期竟然接近万乘；齐国的兵车，定公九年齐伐晋时"丧车五百"，哀公十一年艾陵之战丧兵车八百乘，童书业推算齐国兵车"当亦在二三千乘左右"。① 僖公三十三年崤之战，秦国兵车仅为三百乘，昭公元年秦后子奔晋，所带兵车已达千乘，可知秦国兵车总数至少也有二三千乘。

这里所列举的仅仅是几个较大国家的兵车数量，其他更多较小国家的兵车数量也必然随着战争的激烈而不断地增多。制造的兵车越多，需要的木材也就越多，于是遭到砍伐的林木面积也就越来越大。再加上当时战争频繁，对木材的需要也十分迫切，于是对林木砍伐的频率也持续上升，这使得森林根本没有更新成长的机会，长此以往，必然导致森林面积减少，而更新又很困难，森林的减少，会导致动物失去栖息的良好环境，从而转投他处，造成动物数量和品种的减少，并最终产生相应的种种生态问题。可见，在当时社会条件下战争对生态环境的影响是显而易见的。

第三节　社会活动对生态环境的影响

社会活动的内容很多，这里仅就古代能够对生态环境产生一定影响的一些活动如狩猎、营造、厚葬及日常生活等展开讨论。

---

① 童书业：《春秋左传研究》，上海人民出版社1983年版，第203页。

一 狩猎活动

在农业产生以前，狩猎活动是古人获得生活资料的一种重要方式。尽管西周春秋时期的农业有了一定的发展，但仍然处于较为落后的水平，粮食产量并不充足，狩猎活动作为获得生活资料的补充方式，在西周春秋时期仍然是一种重要的社会活动。当时的狩猎活动一方面是为了获得生活资料，另一方面则是贵族的军事演习，还有就是为了满足上层贵族的奢侈生活。

《诗经》中描写西周春秋时期狩猎活动的诗篇很多，如《国风·周南·兔罝》："肃肃兔罝，椓之丁丁。……肃肃兔罝，施于中逵。……肃肃兔罝，施于中林。"

《王风·兔爰》："有兔爰爰，雉离于罗。……有兔爰爰，雉离于罦。……有兔爰爰，雉离于罿。"《小雅·鸳鸯》："鸳鸯于飞，毕之罗之。"这三首诗描写的都是猎人在小路上、树林中设置各种工具捕捉野兔、野鸡和鸳鸯等野生动物的情景；而《大雅·桑柔》"如彼飞虫，时亦弋获"和《郑风·女曰鸡鸣》"将翱将翔，弋凫与雁"叙述的则是用另外的狩猎方法——弋射来获得猎物的情况。这里所描写的都是平民的小型狩猎活动，其目的就是为了获得猎物以补充衣、食的不足，由于是小规模、小范围的狩猎，所以对于生态环境不至于构成太大的影响，能够对生态环境造成重大影响的则是大规模的田猎活动。

《墨子·明鬼下》为我们真实地记载了当时规模浩大的田猎场面："周宣王合诸侯而田于圃，田车数百乘，从数千，人满野。"

《诗经》更是有很多生动的田猎场面描写。

> 我车既攻，我马既同。四牡庞庞，驾言徂东。田车既好，田牡孔阜。东有甫草，驾言行狩。之子于苗，选徒嚣

嚣。建旐设旄，搏兽于敖。驾彼四牡，四牡奕奕。赤芾金舄，会同有绎。决拾既佽，弓矢既调。射夫既同，助我举柴。四黄既驾，两骖不猗。不失其驰，舍矢如破。萧萧马鸣，悠悠旆旌。(《小雅·车攻》)

吉日维戊，既伯既祷。田车既好，四牡孔阜。升彼大阜，从其群丑。吉日庚午，既差我马。兽之所同，麀鹿麌麌。漆沮之从，天子之所。瞻彼中原，其祁孔有。儦儦俟俟，或群或友。悉率左右，以燕天子。既张我弓，既挟我矢。发彼小豝，殪此大兕。以御宾客，且以酌醴。(《小雅·吉日》)

驷驖孔阜，六辔在手。公之媚子，从公于狩。奉时辰牡，辰牡孔硕。公曰左之，舍拔则获。游于北园，四马既闲。輶车鸾镳，载猃歇骄。(《国风·秦风·驷驖》)

上述篇章对于田猎前的准备工作、地点、队伍、装备、方法都做了细致的描写，可见当时对于田猎的重视程度，这些记载还使我们看到了一个相当完整的规模浩大的田猎场面。在这些大规模的狩猎活动中，首先要捕杀大量的野生动物，这是捕猎者的直接目的。于是，大量的品种众多的飞禽走兽被一网打尽，成为狩猎者的战利品，正如《魏风·伐檀》所描述的那样："不狩不猎，胡瞻尔庭有县貆兮？……不狩不猎，胡瞻尔庭有县特兮？……不狩不猎，胡瞻尔庭有县鹑兮？"还有《桧风·羔裘》："羔裘逍遥，狐裘以朝。……羔裘翱翔，狐裘在堂。"

在田猎中，为了易于猎获，经常人为地驱赶动物。放火焚烧是田猎中驱赶动物最常用的办法，《郑风·大叔于田》就为我们保留了这方面的内容。

大叔于田，乘乘马。执辔如组，两骖如舞。叔在薮，火烈具举。袒裼暴虎，献于公所。将叔勿狃，戒其伤女。叔于田，乘乘黄。两服上襄，两骖雁行。叔在薮，火烈具扬。叔善射忌，又良御忌。抑磬控忌，抑纵送忌。

这里的"火烈具举"、"火烈具扬"和前面《车攻》中的"助我举柴"等都是田猎中焚烧林草的记录。《左传》定公元年也说："魏献子属役于韩简子及原寿过，而田于大陆，焚焉。"是魏献子在大陆这个地方田猎时放火焚烧的记载。

在西周春秋时代，国君、贵族的田猎活动往往还带有军事演习的性质，因而它一项深受重视的活动。如此大规模的田猎，如此大范围的放火焚烧，必然会对生态环境造成相当的破坏。从而导致生态资源的匮乏，这个问题在春秋时期已经暴露出来，如《左传》襄公三十年："丰卷将祭，请田焉。弗许，曰：'唯君用鲜，众给而已。'"这句话说明了两个事实：第一，当时的田猎活动已经受到限制，所以丰卷去向子产请示；第二，由于野生动物缺乏，所以对狩猎活动做了等级限制，因此丰卷的田猎请示没有得到批准。另外还有《国语·鲁语》所记载"里革断宣公罟"的故事，都充分说明当时社会已经产生了生态环境问题。

二 营造活动

随着生产力的发展以及政治、军事和统治者欲望的需要，西周春秋时期建造的城池规模越来越大。西周春秋时期持续不断的营造活动，和当时生态环境问题的产生也有极大关系，如西周初期所建的成周，据《逸周书·作雒解》："城方千七百二十丈，郛方七十里。"为了维护周天子的尊严，当时对诸侯的城市规模都是有限制的，"大县城，方王城三之一，小县立城，方王城九之一"。这种思想在《左传》中也有体现，如隐公元年祭仲曰："都城过百雉，国之害也。先王之制，大都不过参国之一，中五之一，小九之一。"杜注曰："方丈曰堵，三堵曰雉，一雉之墙长三丈，高一丈。侯伯之城方五里，径三百雉，故其大都不得过百雉。"这种规定一方面是为了限制诸侯的发展，另外一方面也有利于农业生产和生态保护，如《逸周书·作雒解》说："郡鄙不过百室，以便野事。"

到了春秋时期，天子失势，政由方伯，礼坏乐崩，逾制现象越来越多，诸侯所建城市规模都比西周有所扩大，如上述祭仲之语就是针对郑国的共叔段所居的京城超过了规定而发的议论，共叔段如此，其他诸侯更是如此。再加上春秋时期战争频繁，基于防御的需要，各国纷纷营建城池，据初步统计，仅《左传》所记录的200多年里各国建造的大小城池近60座，平均每四年一座，由此可见当时营造活动的频繁。

除了营造城池，当时的诸侯国君、贵族生活奢侈，还大量地营造亭台楼榭，园囿陂池。如《国语·楚语上》："灵王为章华之台。"《楚语下》："今吾闻夫差好罷民力以成私好，纵过而翳谏，一夕之宿，台榭陂池必成，六畜玩好必从。"《吴越春秋·勾践阴谋外传》也说吴王夫差"起姑苏之台"。其他国家，大抵如此。正如《晏子春秋·内篇谏下第二》所记："古之人君，其宫室节，不侵生民之居，台榭俭，不残死人之墓，故未尝闻诸请葬人主之宫者也。今君侈为宫室，夺人之居，广为台榭，残人之墓。"说明广建宫室已经是当时国君很普遍的事情，导致很多社会问题的出现，所以晏子才对其进行了批评。

众所周知，我国古代的建筑以土木结构为主，无论是城池还是城市里面的宫殿、住房、亭台楼榭都是这样。众多的营造活动必然需要大量的土方和木材，再加上制造兵车同样需要大量的木材，导致对林木的砍伐大大加剧。

《诗经》对当时的砍伐林木活动作了如实的记载，如《国风·魏风·伐檀》："坎坎伐檀兮，置之河之干兮。……坎坎伐辐兮，置之河之侧兮。……坎坎伐轮兮，置之河之漘兮。河水清且沦猗。"再如《小雅·伐木》："伐木丁丁，鸟鸣嘤嘤。出自幽谷，迁于乔木。……伐木许许……伐木于阪。"过度的砍伐肯定会导致林木资源的匮乏，产生生态问题。到了春秋晚期，这个问题已经十分突出，据《吴越春秋·勾践阴谋外传》记载，吴王大修宫室，为了讨好他，"越王乃使木工三千余人，入山伐木"。可见当时大规模的砍伐活动仍在继续，但是，"一年，师无所幸，作士思归"。进山伐木的伐木队伍找了一年，竟然连合适的木材都找不到。长期的过度砍伐对生态环境所造成的破坏，由此可见一斑。

生态资源的紧张还表现在营造过程中的精打细算，《左传》昭公三十二年："己丑，士弥牟营成周，计丈数，揣高卑，度厚薄，仞沟洫，物土方，议远迩，量事期，计徒庸，虑材用，书糇粮，以令役于诸侯，属役赋丈，书以授帅，而效诸刘子。"如此周密地计划营建方案，这恐怕是西周之人不屑一顾的行为，这也恰恰反映出了当时生态资源的紧缺。正是因为生态资源的缺乏，劝告国君压缩营建规模，减少开支，也成为春秋时期大臣的责任，如《国语·楚语上》伍举的一段话，也很能说明问题："故先王之为台榭也，榭不过讲军实，台不过望氛祥，故榭度于大卒之居，台度于临观之高，其所不夺穑地，其为不匮财用，其事不烦官业，其日不废时务。瘠硗之地，于是乎为之；城守之木，于是乎用之；官僚之暇，于是乎临之；四时之隙，于是乎成之。"还有前引晏子劝说齐景公的那段话，也是这样的含义。凡此种种都告诉我们，春秋时期生态问题已经出现，使当时的政治家、思想家不得不正视这个问题。

三 厚葬风气

原始社会初期，人们并不掩埋同类的尸体。人死之后，则弃之于荒野山谷，正如《孟子·滕文公上》所说那样："上世尝有不葬其亲者，其亲死，则举而委之于壑。他日过之，狐狸食之，蝇蚋姑嘬之。其颡有泚，睨而不视。"由于人类看到自己的亲属的尸体被野兽虫子吞噬，于心不忍，于是开始将死者埋入土中。这一方面是出于对亲属的关怀，另一方面则与灵魂不死的原始宗教观念有关。原始人相信灵魂不死，人的肉体虽然死了，腐烂了，但其鬼魂却依然存在，在冥冥之中监视着人们，可以降福，也可以为祸。为了讨好灵魂，便对尸体进行一定的处理和保护，由此产生了相关的葬礼。

西周建立后，确立了严格的等级制度，这在丧礼中也有体现。比如死后所用的棺材，《礼记·檀弓上》说："天子之棺四重。"注曰："诸公三重，诸侯再重，大夫一重，士不重。"这里所说的是除了贴身的内棺以外的数量，《丧大记》注则云："天子五重，上公四重，诸侯三重，大夫再重。"《荀子·礼论》又说："天子棺椁七重，诸侯五重，大夫三重，士再重。"把三者结合起来，当是天子五棺二椁，诸侯为三棺二椁，大夫为二棺一椁，士为一棺一椁。同时，对于不同身份的人所用棺材的木料也有规定，《丧大记》说："君松椁，大夫柏椁，士杂木椁。"一个人用这么多的棺椁，必然要浪费大量的木材。西周时期，礼治得行，这种制度也得以维持。

随着平王东迁，天子失尊，诸侯僭越礼制成为家常便饭，《左传》成公二年说宋文公死，"椁有四阿，棺有翰桧"。可见其规模已经超过西周礼制的规定。尤其值得注意的是，春秋时期盛行木椁墓室，开始制造数层棺木外套木椁的大型木椁玄宫，出现了十分考究的"黄肠题凑"，《汉书·霍光传》描述其结构为："以柏木黄心致累棺外，故曰黄肠。木头皆内向，故曰题凑。"这种结构的墓室对木材的数量和品质要求都很高。陕西凤翔三时原发现的秦公一号大墓，主椁室即为典型的黄肠题凑，它就是用截面21×21厘米上千根的枋木垒砌而成。这样的木椁墓室今天发现很多，足以证明其对生态资源的严重浪费。

相比之棺椁数量、墓室构造及逾制的浪费，始于春秋的厚葬风气更是对生态资源的极大浪费。高居统治集团上层的国君、贵族们，凭借着手中的权力巧取豪夺，占有大量的生态资源。他们生前过着奢侈糜烂的生活，还幻想着死后到了阴间仍能享受生前的荣华富贵，于是往往把大量的珍奇玩好和生活资料等等作为随葬品放入他们的墓室。西周时墓葬中已经开始使用数量较多的随葬品，主要有陶器、青铜器、兵器、车马器、玉器、瓷器及漆器等，单个墓室中的随葬品数量通常是几十件，多则上百件。另外，"在西周大型墓和一部分中型墓的附近，一般都另行挖坑埋葬车马，少者一车二马，多者可达十多辆车和数十匹马"。①

到了春秋时期，这种殉葬发展成为厚葬，《左传》成公二年说："八月，宋文公卒，始厚葬，用蜃炭，益车马，始用殉，重器备，椁有四阿，棺有翰桧。"从这个时候开始，春秋时期上层社会厚葬成为一种普遍的事情。越来越多的考古发现也证实了这条文献记载的真实性：在山西太原金胜村晋国贵族七鼎墓中发现的随葬品多达3134件，车马坑发现殉马44匹，② 山东临淄齐国故城5号墓的车马坑，尚未发掘完毕，就已经发现殉马228匹，估计全部殉马可达600匹以上。③ 陕西凤翔三畤原的秦公一号大墓，出土随葬品3000余件。④ 而发现于河南淅川下寺的楚墓最

---

① 张之恒、周裕兴：《夏商周考古》，南京大学出版社1995年版，第237页。
② 山西省考古研究所：《太原金胜村251号春秋大墓及车马坑发掘简报》，《文物》1989年第9期。
③ 山东省文物考古研究所：《齐故城五号东周墓及大型殉马坑的发掘》，《文物》1984年第9期。
④ 陕西省考古研究所：《十年来陕西省文物考古的新发现》，《文物考古工作十年》，文物出版社1990年版。

大的一座墓葬中，殉葬物品更多达5000件以上。①

目前所发现的春秋时期的墓葬日益增多，已经发掘的有数千座，大都呈现这种特征，只是在规模大小，数量多少方面略有差别，但已足以说明春秋时期厚葬成风的现象。毫无疑问，这是对生态资源的极大浪费，这种浪费，直接导致了当时生态资源的不足，对社会生活等产生了影响，使君不得不下令限制厚葬。

《韩非子·内储说上七术》记载："齐国好厚葬，布帛尽于衣衾，材木尽于棺椁。桓公患之，以告管仲曰：'布帛尽则无以为币，材木尽则无以为守备，而人厚葬不休，禁之奈何？'……于是乃下令曰：'棺椁过度者戮其尸，罪夫当丧者。'"这段记载使我们看到，在齐国由于盛行厚葬，国家的林木被砍伐殆尽，迫使桓公下令禁止厚葬。正是由于厚葬对生态资源的巨大浪费，才使统治者采取措施，对其进行限制。虽然记载的是发生在齐国的现象，但是从今天的考古发现可以断定当时各国大抵都要面临这样的生态问题。

此外，日常生活对木材的要求也越来越多，如百姓盖房子需要木材，制造必需的家具如床需要木材，做饭需要木材为燃料，冬天还要烧木材来取暖。这都会促使人们去不断地砍伐林木，以满足人们日常生活的需要。随着人口的增多，对木材的需要量也增加，砍伐林木的面积也随着增加，这些活动也都会对生态环境造成一定的影响。

第四节　自然灾害导致的生态环境问题

我国幅员辽阔、地形复杂，自古就是自然灾害多发的国家，

---

① 河南省博物馆、淅川县文管会、南阳地区文管会：《河南淅川下寺一号墓发掘简报》，《考古》1981年第2期。

第三章 初露端倪的生态环境问题

邓云特指出:"我国灾荒之多,世界罕有,就文献可考的记载来看,从公元前18世纪,直到公元20世纪的今日,将近四千年间,几于无年无灾,也几乎无年不荒;西欧学者甚至称我国为'饥荒的国度'(The Land of Famine)。综计历代史籍中所有灾荒的记载,灾情的严重和次数的频繁是非常可惊的。"[①] 根据邓云特的统计,古代发生在商、周时期的灾害总数一共有102次,而发生在公元前11世纪至6世纪末的灾害就多达83次,[②](下文关于灾害次数数字均引于此,不再重注)可见这一时期自然灾害的确十分频繁,如此多的自然灾害,必然会对生态环境产生影响。

西周至春秋时期,发生次数较多的自然灾害是旱灾和蝗灾。这一时期所发生的83次灾害中,旱灾就占了30次,超过了总数的三分之一,《左传》见于记载的旱灾有10多次,《诗经》则对旱灾给社会环境和生态环境造成的破坏做了形象的描写,如《大雅·云汉》曰:"旱既大甚,涤涤山川。旱魃为虐,如惔如焚。""涤涤"二字,注曰:"山无木,川无水。"意思是长期的干旱导致山上的树木死亡殆尽,川泽里也没有水了。《小雅·谷风》则云:"习习谷风,维山崔嵬。无草不死,无木不萎。"描写了久旱不雨使野草死光,树木枯萎的情景;《大雅·召旻》"如彼岁旱,草不溃茂,如彼栖苴。我相此邦,无不溃止。"也使我们看到了旱灾给生态环境造成的影响。

到了西周春秋之交,旱灾尤为严重,这一时期的旱灾不仅次数多,而且持续时间长,破坏性极大,史念海先生说:"厉、宣、幽、平诸王之时的旱灾最为突出,前后历时一百五十余年之久。其中宣王时的那一次由元年旱起,直至六年始雨,时间的亘

---

① 邓云特:《中国救荒史》,北京出版社1986年版,第1页。
② 同上书,第43页。

长实为少见。"① 长期的干旱不仅对生态环境造成破坏,影响到人民的生活,而且会动摇统治者的统治,甚至会导致战争的发生。因为旱灾必然导致饥荒,在大面积严重的饥荒之下,大量人民被迫流离失所,到处流亡,大面积的流亡,就是人口的迁徙,而不同民族的迁徙,就会导致战争的发生。

西周末期,社会就处于这样的局势下,正如蒙文通所言:"西周末造,一夷夏迁徙之会也。而迁徙之故,殆原于旱灾,实以于时气候之突变。"② 受气候变化及旱灾的影响,原来所处的生态环境变得恶劣,于是各民族被迫纷纷迁徙,从而形成了蒙文通先生所说的"迁徙之会"。他所说的夷夏迁徙,还包括北方少数民族的南下和周发生矛盾而导致的战争。这充分说明战争的产生和灾荒有一定的关系,正如邓云特所言:"战争和灾荒,可以相互影响。一方面,战争固然可以促进灾荒的发展;另一方面,灾荒不断扩大和深入的结果,就某种意义和范围来说,又往往可以助长战争的蔓延。"③ 战争对生态环境的破坏上文已经作了讨论,战争加上灾荒,对本来就已经比较脆弱的生态环境是雪上加霜,必然导致生态环境的更加恶化。

除了严重的旱灾,还有可怕的蝗灾。这一时期发生的蝗灾次数为10次,是仅次于旱灾的自然灾害。频繁发生的蝗灾也给生态环境造成了一定程度的破坏,它们吃掉草木庄稼的叶子,啃噬其根茎,造成庄稼禾苗死亡,草木枯萎。对此,《诗经》也有真实的记载:《小雅·大田》篇:"去其螟螣,及其蟊贼,无害我田稚。"注曰:"食心曰螟,食叶曰螣,食根曰蟊,食节曰贼。"这是蝗灾严重,百姓希望灭掉害虫,使庄稼能够正常生长的呼

---

① 史念海:《河山集》,三联书店1978年版,第34页。
② 蒙文通:《周秦少数民族研究》,龙门联合书局1958年版,第1页。
③ 邓云特:《中国救荒史》,北京出版社1986年版,第74页。

声。《大雅·瞻卬》篇也说:"蟊贼蟊疾,靡有夷届。"说明蝗灾铺天盖地,没有尽头。而《大雅·桑柔》:"降此蟊贼,稼穑卒痒。哀恫中国,具赘卒荒。"意思是庄稼全死光了,发生了严重的灾荒,可见蝗灾造成的荒凉景象。

旱灾和蝗灾不仅直接影响到了生态环境,还严重的是带了饥荒。《国语·晋语三》说:"晋饥,乞籴于秦。……秦饥,公令河上输之粟。"反映在秦国和晋国先后发生了饥荒,使统治者被迫到国外去求援。饥荒的频繁发生,又产生了一系列的社会问题,如《诗经·大雅·云汉》曰:"天降丧乱,饥馑荐臻。……周余黎民,靡有孑遗。昊天上帝,则不我遗。"意思是连年发生的旱灾而导致的饥荒使百姓死伤无数,人民生存面临严峻的挑战。《诗经·小雅·雨无正》:"浩浩昊天,不骏其德。降丧饥馑,斩伐四国。"更使我们看到发生饥荒的范围之大。《大雅·召旻》则说:"旻天疾威,天笃降丧。瘨我饥馑,民卒流亡。我居圉卒荒。天降罪罟,蟊贼内讧。昏椓靡共,溃溃回遹,实靖夷我邦。"本来已经发生饥荒,老百姓到处流亡,又发生了可怕的蝗灾,生态环境遭到严重破坏,濒临灭绝的状态使人民包括统治者都束手无策,处于绝望之中。

旱灾和蝗灾的长期性和广泛性对生态环境造成了持久的和大面积的破坏,同时,这一时期还经常发生地震。地震虽然持续时间不长,但它对生态环境和社会环境的破坏和影响较之旱灾和蝗灾都是有过之而无不及。《国语·周语上》记载:"幽王二年,西周三川皆震。"这是一次大面积的地震,波及整个西周王朝中央的统治区域,对这次地震,《诗经·小雅·十月之交》做了如此描述:"烨烨震电,不宁不令。百川沸腾,山冢崒崩。高岸为谷,深谷为陵。"地震使原来的地貌发生了天翻地覆的变化,足见其对自然环境的破坏程度之严重。西周到春秋期间共发生地震6次,可以想象这么多次的地震对生态环境所造成的极大影响。

西周春秋时期，中国古代生产力落后，古人在自然灾害面前往往是无计可施，尤其是对于这些不可抗拒的自然灾害如地震、干旱等灾害更是束手无策，这正如邓云特所言："生产力的发展未达到完全能够控制自然的程度，实为自然条件得以发生作用而加害于人类的基本原因。"① 其结果是他们只能听天由命，寄希望于上天或者埋怨上天，《诗经》的记载如实地反映了人民的此种心态。

琴瑟击鼓，以御田祖。以祈甘雨，以介我稷黍，以穀我士女。（《诗经·小雅·甫田》）

有渰萋萋，兴雨祈祈。雨我公田，遂及我私。（《诗经·小雅·大田》）

瞻卬昊天，则不我惠。孔填不宁，降此大厉。邦靡有定，士民其瘵。蟊贼蟊疾，靡有夷届。（《诗经·大雅·瞻卬》）

这些文字说的都是周人在遇到旱灾时不知如何是好，完全把希望寄托给了上天，祈求上天能及时降雨，使庄稼能够生长，而面对严重的灾难，人们甚至会迷信地认为是亡国的征兆。如《国语·周语上》："幽王二年，西周三川皆震。伯阳父曰：'西周将亡矣！夫天地之气，不失其序；若过其序，民乱之也。……夫国必依山川，山崩川竭，亡之征也。'"

这些现象充分反映出当时由于生产力落后，人们由对自然灾害的应对无策而产生的畏惧和迷信心理，邓云特说："每次巨灾之后，从没有补救的良术，不仅致病的弱点没有消除，而且因为每一度巨创之后，元气愈伤，防灾的设备愈废，以致灾荒的周期

---

① 邓云特：《中国救荒史》，北京出版社1986年版，第49页。

循环愈速，规模也更加扩大。"① 这样的恶性循环，结果只能是生态状况每况愈下，以往那种良好的生态环境状况也一去不再复返，对此，古人也只能望洋兴叹，无可奈何。

第五节 人口对生态环境的影响

除了上述因素对生态环境产生影响，促成当时生态问题的产生，这一时期不断增加的人口，也是导致生态环境发生变化的重要因素。这也是我们不能忽略的一个十分重要的影响生态环境变化的因素。

人类的生存离不开自然环境，尤其是在生产力落后的时代，人类对自然环境的依赖性更大。人类为了生存，必须不断地向自然环境索取维持其自身生活所必需的生活资料。因此，人口数量与生态环境有着极为密切的关系，人口越多，对自然环境改造能力越强，对自然环境的影响越大，尤其在古代社会更是如此。

在西周和春秋时期，人口并没有对生态环境造成太大的影响，但我们不能因此就说这一时期的人口对生态环境没有影响。前几节所讨论的内容已经说明了人口增长对生态环境的影响。如生产力的提高，使人们可以开垦更多的荒地，种植更多的粮食，养活更多的人口；人口多了，从事狩猎活动的主体也随之增加，刀耕火种的主体也会增加，为了生活而伐木造房，砍柴做饭的主体也越来越多，从事营造活动的主体也越来越多，受厚葬之风影响把木材用于棺材制造的主体也是越来越多，这一切都会对生态环境产生影响，这里不再赘述。

需要指出的是由于当时人口数量比较少，其生产活动、消费

---

① 邓云特：《中国救荒史》，北京出版社1986年版，第47页。

活动都不足以对生态环境构成太大的威胁,所以其对生态环境的影响不如战国时期显著,这也是最容易使大家忽略的一个因素,但是事实告诉我们,忽略了这一点,就会使我们对这一时期导致生态环境发生变化的因素认识不完整,也会影响我们对后世影响生态环境因素的全面探索。因此,人口问题是不能忽视的,因为任何跟生态环境变化有关的因素都离不开人的活动。

很庆幸的是,这一时期的人口数量不是很庞大,因此,人口本身以及建立在人口基础之上的对生态环境产生影响的种种因素都没有发挥到极致。也就是说,西周春秋时期的人口数量并不是很多,最能证明这一点的,就是当时政治家、思想家对人口的强烈渴望之情。无论是从传世的还是出土的文献里,我们都可以发现大量的证据,可以使我们毫无疑问地确定这么一个事实,那就是西周春秋时期,整个社会对人口的增长怀着极大的兴趣。

表现之一就是我国古代很早就开始实行的人口统计,据《国语·周语上》记载,在公元前789年,周宣王就"料民于太原",葛剑雄认为这是中国进行人口调查的最早确切记录。① 这充分说明从很早开始,统治者就十分重视人口数量。在古代社会,人民是统治者的统治基础,人口的多少,关系到其统治力量的大小,决定着其统治的安危,因此,他们才会关心他们所控制的人口数量。

表现之二是对战俘的重视,当时的战争与其说是为了争夺土地,不如说是为了争夺人口。如西周早期的小盂鼎记载盂奉命去伐鬼方,一战俘获人口13081人,② 大盂鼎则记载周王赏赐盂人口659人,③ 而戎狄对诸华开战也是如此,如"敔簋"记载敔从

---

① 葛剑雄:《西汉人口地理》,人民出版社1986年版,第5页。
② 中国社会科学院考古研究所编:《殷周金文集成》(第5册),中华书局1984年版,第2839页。
③ 同上书,第2837页。

南淮夷手中夺取被俘王人400人,①"多友鼎"记载多友从狎狁夺回旬人及京师之人若干人。②《史记·周本纪》也记载:"薰育戎狄攻之,欲得财物,予之。已,复攻,欲得地与民。"

表现之三是对"授民"的重视,《左传》定公四年记载西周初年鲁、卫、晋三国的受封,鲁得到了殷民六族,康叔得到殷民七族,唐叔得到怀姓九宗。古代诸侯对人口的重视正如金景芳先生所言:"古时,诸侯受封,所缺少的不是土地而是人民。正因为这样,所以伯禽受封,分以殷民六族;康叔受封,分以殷民七族;唐叔受封,分以怀姓九宗。"③《公羊传》宣公十二年引楚庄王语曰:"君子笃于礼则薄于利,要其人而不要其土。"《逸周书·大聚解》总结文王兴周的经验也说:"闻之文考,来远宾,廉近者,道别其阴阳之利,相土地之宜,水土之便,营邑制,命之曰大聚。"

由此可见当时社会对人口的热切渴望,这正和战国时代人口相对过剩,许多思想家为此而苦恼形成了鲜明的对比。

关于西周和春秋时期的人口数量,《后汉书·郡国志》刘昭注引皇甫谧《帝王世纪》称:"及周公相成王……民口千三百七十一万四千九百二十三人……至齐桓公二年,周庄王之十三年……凡千百八十四万七千人。"这里所列举的数字已被学术界公认是不可靠的。童书业则估计西周建国之初人口不过一二百万,④周自强则认为春秋时期"中原华夏人口总计在600万人左右"。⑤

---

① 中国社会科学院考古研究所编:《殷周金文集成》(第8册),中华书局1984年版,第4323页。
② 田醒农:《多友鼎的发现及其铭文试释》,《人文杂志》1981年第4期。
③ 金景芳:《金景芳古史论集》,吉林大学出版社1991年版,第208页。
④ 童书业:《春秋左传研究》,上海人民出版社1983年版,第305页。
⑤ 周自强:《中国经济通史》《先秦经济卷》(下),经济日报出版社2000年版,第1324页。

这些数字都是后世对当时人口的估计，不是当时文献的直接记载，所以对当时的人口做出准确计算是一件较为困难的事情。但是我们还是可以综合历史记载得出这样的结论："那就是自西周以来，土地多，人口少，人不称土的现象终春秋之世没有发生根本改变。"① 正是由于人口数量少，其对自然资源的需求是十分有限，因此其对生态环境的索取也不是特别多，对生态环境的改造也就不像战国时期那么显著。所以这一时期的生态环境没有受到过分的掠夺，得以保持相对战国及其以后来说良好的状态。但我们绝不能因此就做出盲目乐观的判断，认为这一时期的生态环境保持良好，称其为生态环境的"黄金时代"。

总之，公元前11至前5世纪期间，在社会生产力水平、人口、社会活动、战争以及自然灾害等因素的共同作用下，这一时期的生态环境状况开始发生一些变化，即原来的良好状况状态被打破，开始出现生态资源的紧张现象，尽管说这些现象不能和后世严重的生态问题相提并论，但是这种现象的出现还是引起了当时一些远见卓识之士的警惕，于是他们发出呼吁，要求保护生态环境，从而产生了早期的令我们为之自豪的中国古代生态环境保护思想。

---

① 常金仓：《穷变通久——文化史学的理论与实践》，辽宁人民出版社1998年版，第265页。

第 四 章

生态环境保护思想之滥觞

由于西周春秋时期整体生态环境状况的良好，在一定程度上掩盖了局部出现的生态环境问题，所以当时生态环境的轻度破坏并未引起整个社会的广泛关注。但是一些有识之士已经敏锐地认识到这个问题的重要性，再加上当时对自然和人的关系有了进一步的认识，"天人合一"观念开始萌芽，在此基础上，他们以各种方式阐发自己的生态环境保护思想。尽管说这些思想是初步的、零碎的，根本无法和今天的生态环保思想相提并论，但是在当时就能产生这种思想，这一方面说明我国有着重视生态环境保护的悠久历史，另一方面也证明当时确实出现了生态环境问题。美国学者史华慈说过：思想史所研究的"思想"是人类对于他们本身所处的"环境"的"有意识反应"，[1] 正是因为当时出现了环境问题，所以当时的思想家才有了"有意识反应"——即初步萌发的生态环境保护思想。同时，这种思想的产生及其内容对我们今天也有极大的启迪作用。

第一节 人与自然关系认识的升华："天人合一"

工业文明的飞速发展所导致的生态环境问题，引起了全世界

---

[1] ［美］史华慈：《关于中国思想史的若干初步考察》，张永堂译，载《中国思想与制度论集》，台北联经出版事业公司1977年版，第3—4页。

的关注,如何正确处理人与自然的关系,成为人们反思的重要内容。人们发现,导致今天生态环境遭到严重破坏的根源在于工业文明,而工业文明首先在西方兴起。西方文明过分突出人的主体地位,把人和自然对立起来,强调人对自然的征服,这正如"中国科学界的先驱"杜亚泉所言:"西洋社会,一切皆注重于人为,我国则反之,而一切皆注重于自然。西洋人以自然为恶,一切皆以人力营治之,我国则以自然为善,一切皆以天意、遵天命、循天理为主。故西洋人之文明为反自然的,而我国人之文明为顺自然的。"① 这也是当代生态问题首先在西方世界产生的根源之一。在反思的过程中,中国古代对"天人关系"即人与自然关系的探讨重新引起了大家的兴趣。中国传统文化十分注意人与自然的和谐统一,认为人与自然是一种息息相关、相互依存的关系。先秦时期的重要典籍《尚书》《周易》《老子》《论语》等中都有大量的关于天人关系的描述。于是20世纪90年代,对中国先秦时期思想家人与自然关系如"天人合一"思想进行研究成为一个热门话题。由于它们和生态环境保护思想的形成有着重要的联系,所以这里有必要对其作一大概的介绍。

"天人合一"思想是中国古代十分重要的哲学观点,张岱年先生说:"中国传统哲学,从先秦时代至明清时期,大多数(不是全部)哲学家都宣扬一个基本观点,即'天人合一'。"② 它十分注重人与自然的和谐统一,认为人与自然是一种息息相关、相互依存的关系。"进入20世纪以来,特别是近几十年以来,由于人类面临日益严重的生态危机,各国思想家、科学家在对'天人之际'进行的哲学反思中,出现明显的'东方生态智慧'

---

① 许记霖、田建业编:《杜亚泉文集》,上海教育出版社2003年版,第339页。
② 张岱年:《"天人合一"思想的剖析》,范淑娅等编:《中国观念史》,中州古籍出版社2005年版,第24页。

回归的倾向。"① "天人合一"思想所具有的协调人与自然关系的内容,受到了越来越多的重视。

尽管先秦思想家没有明确提出"天人合一"这一概念,但"天人合一"思想起源于先秦时期已经得到大家公认,张岱年先生认为:"'天人合一'的观念可以说起源于西周。"② "天人合一"思想是古人对"天人之际"不断探讨的最终成果之一,它伴随着西周以来天道观的解放而不断深化。"西周初年,意识形态领域里曾经闪现出一丝人性的光芒。在上天权威加强的同时,人的尊严也有所提高。"③ 事实正是这样,《尚书·周书·泰誓》曰:"唯天地,万物之母;唯人,万物之灵。"这段话既反映了周人关于自然对人类重要性的认识,也反映出人对自身能动性的正确认识。在西周春秋时期的社会变革中,人们的思想得到了进一步的解放,"随着每一次社会制度的巨大历史变革,人们的观点和观念也会发生变革,这就是说,人们的宗教观念也要发生变革"。④

在这样的社会背景下,人们终于开始怀疑长期以来自己奉之若神的上天,开始认识到自身的价值,并逐渐从上天的束缚下解脱出来。《左传》桓公六年所载春秋初期虞国大夫季梁的言语可以充分证实:"夫民,神之主也。是以圣王先成民而后致力于神。"这种观念较之前代又是一个巨大的进步。如果没有人身从上天束缚的分离,人也就无从探讨自身和天的关系,"天人合一"思想也就无法产生。所以,西周春秋时期的思想解放对于天人关

---

① 王正平:《环境哲学:环境伦理的跨学科研究》,上海人民出版社2004年版,第68页。
② 张岱年:《"天人合一"思想的剖析》,范淑娅等编:《中国观念史》,中州古籍出版社2005年版,第25页。
③ 姜建设:《周秦时代理想国探索》,中州古籍出版社1998年版,第60页。
④ 《马克思恩格斯全集》(第7卷),人民出版社1965年版,第240页。

系探讨的发展十分重要。

春秋末年，天道和人道的各自存在终于被思想家认识到。其标志就是《左传》昭公十八年郑国执政子产所说："天道远，人道迩。"这在当时是一个大胆的看法，"天道""人道"第一次作为两个对应的概念出现，说明人的地位大大提高。从此以后，人们开始能够摆脱上天的控制，按照人道来行事，这对于人们进一步解放思想，深入探讨天人关系，无疑具有重要的意义。

较早体现了"天人合一"思想的是《周易》，关于其成书年代，历来说法不一，但是多数学者都认为该书的基本素材是西周初年或者前期的产物，这种说法很有道理。《周易·乾·文言传》曰："夫大人者，与天地合其德，与日月合其明，与四时合其序，与鬼神合其吉凶。先天而天弗违，后天而奉天时。"意思是说圣人的德行与天地日月相一致，能先于天时的变化而行事，所以能够对自然加以引导，使自然能够顺从；如果是在天时发生变化之后行事，则要适应自然法则，使人能够和自然相互协调。《周易·泰·象传》则提出："裁成天地之道，辅相天地之宜。"就是说应该在遵循自然法则的基础上，对自然加以节制调整，使之更加适合人类的需要，这些言论显然包含着人与自然相互和谐的思想，反映出当时思想家对大自然有了进一步的了解和在思考人与自然关系时所达到的新的高度。由于它较为完整地解决了人对自然的困惑，所以这种思想在当时社会产生了广泛的影响，典型标志就是儒家和道家的创始人——孔子和老子都深受它的影响。

孔子虽然没有明确提出"天人合一"理论，但是他关于天的讨论足以反映出他的这个观念。如《论语·阳货》曰："天何言哉？四时行焉，百物生焉，天何言哉？"这个天就是包括四时运行、万物生长在内的自然界。天不必说什么，天之所以为天，就在于四时能够默默运行，生养万物，这就是天对世上万物的作用。因为它是万物的本原,人们必须遵循它、敬畏它,正如《论语·季氏》所言:"君子有三畏:畏天命,畏大人,畏圣人之言。"正因为这样,能够遵循天道的人是值得尊敬的,《论语·泰伯》说:"大哉!尧之为君也。巍巍乎,唯天为大,唯尧则之。"由于尧能够以天为法则,所以才能够成功并受到尊敬。

这些言论反映出孔子对人与自然的关系进行了认真的思考并且有着深刻的认识。孔子的思想还被他的学生继承和发扬,如《礼记·中庸》就记载了子思的相关言论:"唯天地至诚,故能尽其性,能尽其性,则能尽人之性,能尽人之性,则能尽物之性,能尽物之性,则可以赞天地之化育,能赞天地之化育,则可以与天地参矣。"意思是说只有遵循自然法则才可以和天地保持和谐的关系。作为儒家学派的创始人,孔子在天人关系的方面的理论成为儒家生态环境保护思想的重要理论基石。

道家创始人老子的年代问题至今未有定论,这里按照《史记·老子韩非列传》的记载将其归为春秋时人。《老子》一书也多认为成书于战国前期,然其中必定包含老子的思想无疑,所以在此对其进行谈论并无不妥。老子认为"道"是万物的根本,道"先天地生","为天地母",① 同时指出:"道生一,一生二,二生三,三生万物。"② 道不仅创造了天地万物,还主宰一切,"人法地,地法天,天法道,道法自然"。③ 天、地、人都要效法于道,而道法自然,所以人也要效法自然,遵从自然,从而达到天人的和谐共处。很显然,老子认为整个世界就是按照道的内在规律在演化发展的,人作为自然界中的一员,产生于自然并依存

---

① 《老子》第二十五章、第四十二章、第二十五章。
② 同上。
③ 同上。

于自然，因而人的活动必然要受到道的制约，所以人的活动必须顺乎自然。

归根到底，老子追求的是天人一体的和谐，是人融于自然的自觉和谐，这是一种更高的境界。美国学者卡普拉对此评价很高："在伟大的宗教传统中，据我看，道家提供了最深刻并且是最完善的生态智慧，它强调在自然的循环过程中，个人和社会的一切现象以及两者潜在的基本一致。"① 李约瑟则给予老子更高的评价，他说："道家的思想和行为，不外对传统的反抗，对社会的逃避，对自然的热爱与研究……中国如果没有道家，就像大树没有根一样。"他认为，"老子是世界上最懂自然的人。"②

由于儒家和道家在中国古代的重大影响和两个学术派别的蓬勃发展，所以，萌芽于西周春秋时期的"天人合一"思想得到很好的继承和发展，后世学者不断对它进行研究和发展，使其成为中国思想史上的一朵奇葩，并引起了众多知名学者的关注。如钱穆先生说："中国人常抱着一个'天人合一'的大理想，觉得外面一切异样的新鲜的所见所值，都可融会协调，和凝为一。这是中国文化精神最主要的一个特性。"③ 他还十分自豪地说："天人合一是中国文化对人类最大的贡献。"④ 张岱年先生十分赞同《周易》中"载成天地之道，辅相天地之宜"的理论，认为它："是一种全面的观点，既要改造自然，也要顺应自然，应调整自然使其符合人类的愿望，既不屈服于大自

---

① 佘正荣：《生态智慧论》，中国社会科学出版社1996年版，第12页。
② ［英］李约瑟：《中国古代科学思想史》，陈立夫等中译本，江西人民出版社1999年版，第73页。
③ 钱穆：《中国文化史导论》，商务印书馆1994年版，第205页。
④ 钱穆：《中国传统思想文化对人类未来可有的贡献》，《中华文化的过去现在和未来——中华书局成立八十周年纪念论文集》，中华书局1992年版，第39页。

然,也不破坏自然。以天人相互协调为理想。应该肯定,这种学说确实有很高的价值。"[1] 季羡林先生也认为天人合一"是讲人与大自然合一",[2] 汤一介先生也说:"所谓'天人合一',就是说'人'和'天'成为一和谐的整体。"[3] 周桂钿则认为天人合一包含很多含义,他说:"天人合一,既包含神学目的论的内容,也包含人与自然和谐关系的意思,其中也有人应该顺应自然界的养生之道。"他又指出:"自然界与人类和谐统一的'天人合一'正是现代所需要的,应该加以新的解释。"[4] 由上述言论可以看出,这么多知名学者都对"天人合一"思想寄予很大的希望,憧憬它能够帮助我们解决现代社会严重的生态环境问题。

在学界对"天人合一"高唱颂歌的热潮中,也有一些学者保持着冷静、清醒的头脑,以客观的态度来评价它。如方克立说:"'天人合一'虽然是处理人与自然关系的正确思想原则,但产生于农业文明时代的中国传统'天人合一'观,也有着严重的历史局限性,把它现成地拿到今天来运用,指望它能解救人类面临的生态危机,显然是不现实的。"[5] 吴宁则认为:"中国古代'天人合一'思想虽然闪耀着智慧之光,但在总体上仍有朴素、猜测的性质。由于生产力和科学技术水平的限制,人类与自

---

[1] 张岱年:《中国哲学中"天人合一"思想的剖析》,张岱年《文化与哲学》,教育科学出版社1988年版。
[2] 季羡林:《"天人合一"新解》,方克立主编:《走向二十一世纪的中国文化》,山西教育出版社1999年版。
[3] 载汤一介主编:《国故新知:中国传统文化的再诠释》,北京大学出版社1993年版。
[4] 周桂钿:《释"天人合一"——兼论传统价值观的现代意义及其现代转换》,《山东社会科学》2002年第1期。
[5] 方克立:《"天人合一"与中国古代的生态智慧》,《社会科学战线》2003年第4期。

然的和谐统一是建立在人对自然的崇拜、顺从和迷信的基础上，而没有深入地探索自然本身的复杂结构，没有充分认识自然的规律和属性。"① 肖巍指出："'天人合一'在形式（或字面上）或可作环境保护的理解，但实质上（或实践上）并未能阻止中国古代环境状况恶化的趋势，因而指望这样一种观念来拯救工业化造成的环境危机是不可靠的。"②

按照他们所说，"天人合一"思想在今天好像没有什么用处了。既然如此，为什么会又那么多的学者为"天人合一"这一古代思想而感到自豪并兴起了研究热潮呢？葛兆光为我们深入剖析了产生这一热潮的心理原因："九十年代的中国思想世界中，'天人合一'曾经是一个很引人注目的论题，相当多的学者在种种不同的心情中似乎都重新发现了这个历久弥新的命题，在'三十年河东，三十年河西'的企盼中，人们发现了重新辉煌东方文化的希望。于是，在西方思想世界所谓'人类'与'自然'的分裂、科学技术使人类总是希望'征服'自然等等西方人自己总结出来的哲理背景下，东方人把'天人合一'从传统的文献中寻找出来，作为下一世纪将是东方文化的时代的证据。然而，相当多关于'天人合一'的议论，其实有时只是把它看成'自然环境保护'的旗帜或当成了'爱护野生动物'的口号，有时只是把它阐释成'人'要亲近'天'也就是大自然的观念，往往是最钟爱这个命题的人，却最容易无视它作为宇宙的时空架构和合理依据的内涵，而把它的意味限制在最实用的层面。……虽然它可以引申出环境保护或亲近自然，但它绝对不仅仅是支持绿色组织的旗帜和表达生活态度的

---

① 吴宁：《论"天人合一"的生态伦理意蕴及其得失》，《自然辩证法研究》1999年第12期。

② 肖巍：《"天人合一"并没有改善中国古代环境状况》，《哲学研究》2004年第4期。

口号。"①

可见,"天人合一"思想是中国古代先哲在漫长的社会发展过程中不断探索的成果,毫无疑问地说,它在很大程度上反映了古代思想家对自然和人类社会的关系进行思考、总结时所达到的水平。因此它不仅仅是人与自然关系的反映,还包含着其他许多的内容,这也正是需要我们进一步努力研究的地方。对传统思想文化进行大力的发掘,并从中寻求有益的借鉴当然是十分必要的,但是我们一定要冷静地处理民族感情,必须防止任何的夸大成分,这是不科学的、不客观的态度,是不可取的。任何一种思想都有它产生发展的社会背景,在古代农业文明环境下产生的思想是适合于当时社会的,但是它未必完全适用于今天的社会,所以我们在借鉴时,必须客观清醒,批判继承,合理地利用其中有用的内容,然后加以借鉴。只有这样,才能正确认识传统思想文化的原貌,才能真正地、合理地继承和发扬它。

第二节 应时而生的生态环境保护思想

随着社会发展对生态环境的影响,局部生态问题日渐突出,如林木、鸟兽资源紧张等问题,这在一定程度上影响到了人民的生活,也在一定程度上影响到了社会的稳定,使当时的思想家和统治者不得不正视这些问题。再加上当时随着对人与自然关系认识的不断深化,人们已经能够认识到生态环境对于人类社会的重要性,并在此基础上进一步认识到生态系统内部诸要素的相互关系。在此基础上,当时的思想家、政治家或者是出于朴素的生态关怀,或者是出于维护统治的需要,从不同的角度,以不同的方

---

① 葛兆光:《中国思想史》(导论),复旦大学出版社 2001 年版,第 48—49 页。

式阐发了他们的生态环境保护思想。

一 重视生态环境的思想

由于社会生产力不发达,所以西周春秋时期人们的生活更多地要依靠生态环境,无论是进行农业生产还是选择生活处所还是营建国都,生态环境的优劣是首先要考虑的因素。

例如著名的"史伯为桓公论兴衰"的故事就是一个典型反映:西周末年,周幽王骄奢淫逸,宠幸褒姒,不理朝政,导致政治腐败。再加上连年旱灾,黎民百姓怨声载道,西周的统治处于风雨飘摇之中。如此形势迫使西周王室中有眼光的贵族官僚开始想方设法躲避即将来临的灾难。而郑国的东迁,就是为了远离灾难,转危为安。郑国的始封之君郑桓公姬友看到西周的统治即将崩溃,为了保全他的封国和人民,他决定使自己的封国离开险境,于是向周太史伯请教。史伯则首先给他分析了生态环境对于国家的重要性。

> 夫成天地之大功者,其子孙未尝不章,虞、夏、商、周是也。虞幕能听协风,以成乐物生者也。夏禹能单平水土,以品处庶类者也。商契能和合五教,以保于百姓者也。周弃能播殖百谷蔬,以衣食民人者也。其后皆为王公侯伯。祝融亦能昭显天地之光明,以生柔嘉材者也。(《国语·郑语》)

然后建议桓公将郑迁到"济、洛、河、颍之间乎!……若前华后河,右洛左济,主芣、騩而食溱、洧,修典刑以守之,是可以少固"。① 因为这里拥有优越的生态环境,对于国家的稳定、巩固和发展非常有利。郑桓公听后大加赞赏,"于是卒言王,东

---

① 《国语》,上海古籍出版社1998年版,第507页。

徙其民雒东,而虢、邻果献十邑,竟国之"。① 将自己的家眷、财产、国民等都迁徙到洛水以东的虢、邻两国一带。两年后,郑桓公死于犬戎之乱,但是郑国却因为东迁而保存下来,并且依靠优越的生态环境迅速发展起来,成为春秋初期的小霸。

同样反映当时思想家政治家对生态环境重要性又充分认识的事例还见于《左传》成公六年:

> 晋人谋去故绛,诸大夫皆曰:"必居郇瑕氏之地,沃饶而近盐,国利君乐,不可失也"……(韩献子)曰:"不可,郇瑕氏土薄水浅,其恶易觏,易觏则民愁,民愁则垫隘,于是乎有沉溺重膇之疾,不如新田,土厚水深,居之不疾,有汾、浍以流其恶,且民从教,十世之利也。夫山泽林盐,国之宝也,国饶,则民骄佚;近宝,公室乃贫,不可谓乐。"公悦,从之。

这段文字说的是晋国准备迁都,大家都主张把新都定在郇瑕氏之地,但是韩献子认为不可。原因就在于郇瑕氏土薄水浅,生态环境状况较差。然后他建议把新都定在新田,这里土厚水深,有山林湖泽,自然环境优越,有利于人民的身体健康。于是晋国将国都迁到了新田。

这两件事情都说明当时的政治家已经十分清楚生态环境对于社会安定、国家盛衰的重要性,因此才会选择自然环境优越的地方建国立都。当然,并不是到了西周春秋时期人们才发现生态环境的重要性,考古发现表明,自从有了人类以来,人类都是选择生态环境优越的地方为居住地,但那时是出于本能,还停留在感性阶段,而到了西周春秋时期则上升到了理性阶段并形成了理论

---

① (汉)司马迁:《史记》,中华书局1959年版,第1758页。

知识。而原始社会人类的种种本能，恰好也是一种文化遗留，也是后世人们重视生态环境观念形成的思想基础之一。

由于对生态环境重要性的认识已经上升到了理论水平，所以这种观念得以广为传播并深入人心，使整个社会的人们都非常重视生态环境。在当时，营造一个良好的生态环境是人们的普遍愿望，这正如《国语·周语中》所言："周制有之曰：'列树以表道，立鄙食以守路，国有郊牧，疆有寓望，薮有圃草，囿有林池，所以御灾也。其余无非谷土，民无悬耜，野无奥草。'"这是以制度的形式营造良好生态环境的真实反映。

在这样的社会氛围下，营造、爱护生态环境称为一种社会风气，因为人们都能够认识到一个良好生态环境的重要性，它甚至能够关系到国家的存亡，如《国语·周语下》就对此进行了详细的阐述：

> 夫天地成而聚于高，归物于下。疏为川谷，以导其气；陂塘汙庳，以钟其美。是故聚不阤崩，而物有所归；气不沉滞，而亦不散越。是以民生有财用，而死有所葬。然则无夭、昏、札、瘥之忧，而无饥、寒、乏、匮之患，故上下能相固，以待不虞，古之圣王唯此之慎。昔共工弃此道也，虞于湛乐，淫失其身，欲壅防百川，堕高堙庳，以害天下。皇天弗福，庶民弗助，祸乱并兴，共工用灭。……其后伯禹念前之非度，釐改制量，象物天地，比类百则，仪之于民，而度之于群生，共之从孙四岳佐之，高高下下，疏川导滞，钟水丰物，封崇九山，决汨九川，陂障九泽，丰殖九薮，汨越九原，宅居九隩，合通四海。

生态环境有其客观规律，这是不能改变的，破坏了生态环境，必定会带来灾祸，所以古之圣王"唯此之慎"，以稳定统治。而共工没有按照自然规律办事，破坏了生态环境，导致祸乱并起，统治难以维持并最终遭到覆灭的命运。大禹则吸取了他的教训，尊重自然规律，营造了一个良好的生态环境，所以取得了成功。

在这样的社会环境下，生态环境问题一旦发生，就会引起非常的重视，《国语·晋语五》记载："夫国主山川，故川涸山崩，君为之降服、出次、乘缦、不举，策于上帝，国三日哭，以礼焉。"发生生态灾难后，以国君为首，国家要举行隆重的礼节，以引起人们的重视。

既然生态环境对于国家和人民如此重要，那么不重视生态环境的行为和现象显然是要遭到批评的。如上引《国语·周语中》里就指责陈国"道路若塞，野场若弃，泽不陂障，川无舟梁，是废先王之教也"。

对人与自然相互关系的探索，不仅引起了人们对生态环境的关注，而且促进了对生态环境的研究。因为整个生态环境都跟人类息息相关，所以构成生态环境的诸种要素也成为人们关注的对象。古人经过长期的观察，发现生态环境内部构成要素之间也存在着种种联系，发现它们都有其相应的特性和生长规律。这种隐藏在生态环境表象之下的联系和规律的发现，进一步证实了西周春秋时期人们对生态环境的重视以及对此探索中已经达到的理论高度。

较早对生态环境内部要素的特性和相互关系进行详细论说的，当数《国语·周语下》所记太子晋对周灵王所阐述那段话：

> 晋闻古之长民者，不堕山，不崇薮，不防川，不窦泽。夫山，土之聚也；薮，物之归也；川，气之导也；泽，水之钟也。夫天地成而聚于高，归物于下。疏为川谷，以导其气；陂塘汙庳，以钟其美。是故聚不阤崩，而物有所归；气

不沉滞,而亦不散越。

再有《国语·郑语》里记载的史伯的那段精辟论述:

> 夫和实生物,同则不继。以他平他谓之和,故能丰长而物归之;若以同裨同,尽乃弃矣。故先王以土与金木水火杂,以成百物。

意思是事物由不同的材料构成,在其不同的成分之间,有着相互适应的调节关系。由上述两段记载可以看出当时之人对生态环境各要素的特性及关系的了解是多么深入!

这样的记载在先秦典籍中还有很多,如《国语·晋语九》记载了古人对生态环境内部要素相互关系的论述:"高山峻原,不生草木,松柏之地,其土不肥。"《左传》襄公二十九年郑行人子羽说:"松柏之下,其草不殖。"《大戴礼记·四代》记载孔子言曰:"平原大薮,瞻其草之高丰茂者,必有怪鸟兽居之。且草可财也,如艾而夷之,其地必宜五谷。高山名林,必有怪虎豹蕃孕焉,深渊大川必有蛟龙焉。"《史记·孔子世家》亦载孔子之言曰:"丘闻之也,刳胎杀夭则麒麟不至郊,竭泽涸渔则蛟龙不合阴阳,覆巢毁卵则凤凰不翔。何则?君子讳伤其类也。夫鸟兽之于不义也尚知辟之,而况乎丘哉!"

从这些话语里我们可以看出古人对于生态环境构成要素的认识和了解程度之高,尤其是孔子已经把其他生物放到了和人一样的高度上来对待它们。正是基于对生态环境外部和人类相互关系及内部其诸要素相互关系的充分认识,人们才能尊重自然规律,合理地利用生态环境,认真地保护生态环境,这已经成为一种社会风气,虽然这种社会风气还没有成为社会主流,但是它还是促成了早期生态环境保护思想的形成。

二　生态环境保护思想的内容

由于这一时期的生态环境问题在很大程度上表现为局部的生态问题，所以还没有引起全社会的普遍关注。但是一些有识远见之士还是认识到了生态环境问题的严重性，并因此提出了生态环境保护主张。由于这些主张来自不同时期、不同国家的思想家、政治家，因此，西周春秋时期的生态环境保护思想必然是分散的、零碎的，还没有得到综合整理，尚未成熟，更没有系统化。但是今天我们把它们集中起来，经过比较和分析，还是可以发现众多的思想中有很多不谋而合的共同之处。概括来说，当时的生态环境保护思想主要体现在以时禁发、取之有度等保护层面。

（一）以时禁发

以时禁发的思想至少在商代已经产生，据郑樵《通志·卷三上》记载：

> 纣尝六月猎于西土，发民逐兽，谏者曰："长育之时，不可逆天道，绝地德，君践一日之苗，民失百日之食。"纣杀之，纣杀之数月，大风飘牛马，发屋拔木，飞扬数十里。

商人已经认识到，违背自然规律，必然有严重的后果。到了周代，天道观有所发展，这一时期的思想家对于自然和人关系认识的更加深化，正是在这个深化过程中，他们开始关注动植物生态资源，并发现了它们的生长规律，如《老子》第六十四章："合抱之木生於毫末。"第七十八章："万物草木之生也柔脆，其死也枯槁。"认识到了在它们的生长期对其进行保护的重要性，因此提出了以时禁发的生态保护主张。在这方面最具代表性的就是《国语·鲁语上》记载的"里革断宣公罟"故事：

宣公夏滥于泗渊,里革断其罟而弃之,曰:"古者大寒降,土蛰发,水虞于是乎讲罛罶,取名鱼,登川禽,而尝之寝庙,行诸国,助宣气也。鸟兽孕,水虫成,兽虞于是乎禁罝罗,猎鱼鳖以为夏犒,助生阜也。鸟兽成,水虫孕,水虞于是乎禁罝䍟,设阱鄂,以实庙庖,畜功用也。且夫山不槎蘖,泽不伐夭,鱼禁鲲鲕,兽长麑䴠,鸟翼鷇卵,虫舍蚔蝝,蕃庶物也,古之训也。今鱼方别孕,不教鱼长,又行网罟,贪无艺也。"

鲁宣公夏季到泗渊捕鱼,不仅遭到了里革的阻拦,渔网也被割断并丢弃到一边,而且还遭到了里革的训斥。作为国君的宣公不仅没有怪罪里革,反而对他赞赏有加:"吾过而里革匡我,不亦善乎!是良罟也,为我得法。使有司藏之,使吾无忘谂。"宣公之所以会这么做,就是因为里革给他讲了一番道理,即捕鱼打猎都要在合适的季节,对于处于生长期的动植物禁止砍伐捕杀,使其能够生长。宣公听了恍然大悟,不仅不怪,还把那张被割的破渔网收藏起来,以为警示。

这个故事给了我们三点启示,第一,当时的思想家对于生物资源的生长规律已经有着非常深刻的认识,由于他们充分认识到生长期对于动植物的重要性,才产生了在其生长期禁止捕杀砍伐的保护思想,以保证整个生态环境的良性循环。"里革断宣公罟"所体现的时禁思想不只是一例个案,当时类似这样的思想还有很多,比如《左传》桓公四年"春正月,公狩于郎,书时,礼也"。桓公在正月狩猎,适合时宜,所以说他"礼也"。襄公四年,公曰:"修民事,田以时。"也是要求田猎要在适合的季节进行。文公六年"闰月不告朔,非礼也。闰以正时,时以作事,事以厚生,生民之道,于是乎在矣。不告闰朔,弃时政也,何以为民?"这段话从另外一个角度体现了当时的"以时"思想。

第二,在当时社会生态环境保护思想确实得到很多政治家和思想家的认可,如著名的思想家、教育家孔子也有相同的观点,《礼记·祭仪》曾子曰:"树木以时伐焉,禽兽以时杀焉。夫子曰:'断一树,杀一兽,不以其时,非孝也。'"在这里,孔子甚至用社会伦理道德来推行他的生态环境保护思想,说明这种思想在当时社会还是很有市场的。《淮南子·主术训》记载古时的以时禁发思想说:"故先王之法……豺未祭兽,罝罦不得布于野;獭未祭鱼,网罟不得入于水;鹰隼未挚,罗网不得张于溪谷;草木未落,斤斧不得入山林;昆虫未蛰,不得以火烧田。"应该是对西周春秋时期生态保护思想的真实记载。

第三,当时确实出现了生态环境问题,上述"里革断宣公罟"的故事里,宣公很诚恳地接受了里革的建议并夸奖了他,这既说明生态环境保护思想在当时的确有一席之地,同时也可以看出当时应该存在生态资源紧张的问题。如果生态资源仍然像之前那样取之不尽,用之不竭,这种建议就没有提出的必要,更没有被接受的可能。正是由于当时出现了生态问题,导致资源匮乏,影响了人民生活,涉及政治的稳定,才使统治者不得不重视生态环境问题,不再随心所欲,为所欲为。

(二) 取之有度

生态资源的形成需要一个过程,有的过程甚至是长期的,并且一定时期的生态资源的数量是有限的。如果过度开采渔猎,必定会导致资源缺乏,其后果正如《国语·周语下》单穆公所说那样:"若夫山林匮竭,林麓散亡,薮泽肆既,民力凋尽,田畴荒芜,资用乏匮,君子将险哀之不暇,而何易乐之有焉?"所以必须节约生态资源。但是人类的生存和发展又时刻离不开生态资源,必须要对生态环境有所索取,那么怎么处理这个矛盾呢?这一时期的思想家提出了"取之有度"的主张。

取之有度就是在渔猎、砍伐时要有限度，不能赶尽杀绝。老子认为对待生态资源最好的办法是取多补少，《老子》第七十九章曰："天之道，损有余而补不足。"这是最合理的利用生态资源的方法，也是最理想的。孔子与老子持相同的态度，他也反对过度渔猎，《论语·述而》曰："子钓而不网，弋不射宿。"要求不要用网捕鱼，因为那样就会不论大小，一网打尽，不利于生态的平衡。"取之有度"的思想在当时同样还被其他思想家所认同，《淮南子·人间训》载雍季与晋文公语曰："焚林而猎，愈多得兽，后必无兽。"要想以后还有野兽享用，绝对不能焚林而猎。再如《国语·楚语上》记载：

> 灵王为章华之台，与伍举升焉，曰："台美夫！"对曰："臣闻国君服宠以为美，安民以为乐，听德以为聪，致远以为明。不闻其以土木之崇高、彤镂为美，而以金石匏竹之昌大、嚣庶为乐；不闻其以观大、视侈、淫色以为明，而以察清浊为聪。先君庄王为匏居之台，高不过望国氛，大不过容宴豆，木不妨守备。"
>
> 故先王之为台榭也，榭不过讲军实，台不过望氛祥，故榭度于大卒之居，台度于临观之高，其所不夺穑地，其为不匮财用，其事不烦官业，其日不废时务。瘠碛之地，于是乎为之；城守之木，于是乎用之；官僚之暇，于是乎临之；四时之隙，于是乎成之。

伍举劝说楚灵王在营建时要有节制，合理地利用材料，不浪费民时，以不浪费资源，保护生态资源。当时战争频繁，资源匮乏是必然的，所以这样的思想也是必然。同样的情况在当时的越国也存在，《国语·越语下》记载范蠡谏勾践："王其且驰骋弋猎,无至禽荒,宫中之乐,无至酒荒。"就是劝说他在打猎时要有一定的限度,不要把禽兽捕杀干净了。

再比如齐国,也面临如此局面,所以婴子才劝谏齐景公要取之有度:"婴闻之,古者先君之干福也,政必合乎民,行必顺乎神;节宫室,不敢大斩伐,以无逼山林;节饮食,无多畋渔,以无逼川泽;祝宗用事,辞罪而不敢有所求也。"而反对他"大宫室,多斩伐,以逼山林;羡饮食,多畋渔,以逼川泽",① 疯狂掠夺自然资源的做法。

上述材料反映出"取之有度"思想对当时社会的影响同样是比较广泛的,反映出当时思想家和政治家在对待生态资源上态度的一致性,使我们认识到他们对于生态资源的利用进行了深入的思考,并有很好的领悟和贯彻。正如《淮南子·主术训》所说:"故先王之法,畋不掩群,不取麛夭。不涸泽而渔,不焚林而猎。"这可以说是西周春秋时期生态保护思想的如实反映。

三 老子的生态环境保护思想

作为道家学派的创始人,老子开辟了道家重视自然探索的道路,使其本人及以后的道家如庄子等的思想中都有丰富的探讨自然、保护生态环境的内容。正如美籍华人学者冯沪祥所说:"道家哲学最重视顺应自然,并强调大道生命能融贯万物,无所不在。所以肯定物物相同、彼是相因,进而强调人们应扩大心胸,以冥同大道,与万物浑然合一。这些均充满了极为丰富的环保思想,堪称中国哲学内极为明确而完备的环保哲学。"② 也正因为此,李约瑟才说老子是"世界上最懂自然的人"。③

---

① 吴则虞:《晏子春秋集释》,中华书局1962年版,第201页。
② 冯沪祥:《人、自然与文化》,人民文学出版社1996年版,第238页。
③ [英]李约瑟:《中国古代科学思想史》,陈立夫等中译本,江西人民出版社1999年版,第73页。

老子的生态环境保护思想首先体现在其对自然法则的探讨上，即《老子》第二十五章所说："有物混成，先天地生……吾不知其名，故强字之曰道。……故道大，天大，地大，人亦大……人法地，地法天，天法道，道法自然。"世界的起源是道，而道也要遵从自然，可见自然在老子心中的地位之高。既然如此重视自然，老子定会对自然进行深入的探讨。在此基础上，老子对自然环境的个构成因素进行了研究，从而对自然环境中万物的规律也有所认识。

其次，在于对万物生长规律及性质的探讨上。该书第六十四章曰："合抱之木生于毫末，九层之台起于累土。"说明了事物的生长规律及其不易。第七十八章曰："万物草木之生也柔脆，其死也枯槁。"反映了其对生态植物生命较为脆弱有着清醒的认识，也反映了老子对其十分同情的心态。第三十六章曰："鱼不可脱于渊。"表现出老子对生态环境各构成因素的关注，正是因为这种关切之情，老子对其相互依赖关系又着全面的认识。

再次，反对各种破坏生态环境的行为。出对生态环境中万物的关切之情，发展到对它们的爱护之意。第六十八章曰："天之道，利而不害。"就体现了老子对万物的爱护之情，希望想方设法来保护它们，利于它们的生长，而不做有害它们的事情。因此，老子希望顺应自然，让万物自由地生长，即使是因为必要而利用它们，也要"损有余而补不足"，反对"损不足以奉有余"掠夺生态资源的行为。

最后，对战争破坏生态环境的谴责。老子生活的时代，战争频繁，不断爆发的战争不仅给人民带来深重灾难，也严重地破坏了生态环境，正如《老子》第三十章所说："师之所处，荆棘生焉。大军之后，必有凶年。"战争破坏了生态环境，导致荆棘丛生，生态环境的破坏，又导致灾荒的产生，二者是密切相连的。

生活在战争时代人们，对战争都有着直接的认识和体会，但是唯有老子，能够关注到战争对生态环境的破坏，并予以强烈的谴责，并渴望以道治国，保护生态环境，第三十章："以道佐人主者，不以兵强天下。"第四十六章："天下有道，却走马以粪。天下无道，戎马生于郊。"

四 孔子的生态环境思想

春秋时期，保护生态环境的重要性已经被很多政治家和思想家认识到。作为当时社会的精英分子，孔子也认识到了生态环境对于人类社会的重要性，出于儒家强烈的社会责任感，孔子自然会把自己的生态环境保护思想加以阐述，并加以传播，以促成社会的觉醒，共同保护生态环境。

作为自然界的一分子，孔子十分热爱大自然，并时时以能和大自然融为一体为人生快事。《庄子·知北游》记载孔子言曰："山林与！皋壤与！使我欣欣然而乐与！"看到茂密的树林并能进去一游，在孔子看来是非常快乐的一件事。《论语·先进》里记载孔子和几个学生谈论人生快事，曾皙曰："莫春者，春服既成，冠者五六人，童子六七人，浴乎沂，风乎舞雩，咏而归。"夫子喟然叹曰："吾与点也！"曾皙所说的快事就是和自然融为一体，在大自然中尽情享受轻风吹拂，无比快乐！孔子对此非常赞赏，恰恰反映了孔子对自然的钟爱！

由钟爱自然而爱及自然中生存的万物，孔子表达了对生态资源的关切之情，《荀子·哀公问》记载：

> 鲁哀公问舜冠于孔子，孔子不对。三问，不对。哀公曰："寡人问舜冠于子，何以不言也？"孔子对曰："古之王者，有务而拘领者矣，其政好生而恶杀焉，是以凤在列树，麟在郊野，乌鹊之巢可俯而窥也。君不此问而问舜冠，所以

不对也。"

不仅自己深深关切着自然界的万物生灵,还希望别人也像自己一样来关爱它们。他认为,生态环境是一个有机的整体,其中的任何一部分都是不能破坏的,否则,就会引起生态环境的变化。正如《史记·孔子世家》载孔子曰:"丘闻之也,刳胎杀夭则麒麟不至郊,竭泽涸渔则蛟龙不合阴阳,覆巢毁卵则凤凰不翔。何则?君子讳伤其类也。夫鸟兽之於不义也尚知辟之,而况乎丘哉!"

正因为这样,对于滥捕滥伐、伤害林木鸟兽的行为,孔子十分痛恨。《礼记·祭义》载曾子曰:"树木以时伐焉,禽兽以时杀焉。夫子曰:'断一树,杀一兽,不以其时,非孝也。'"在必须要向自然界索取的时候,也要尊重自然规律,把对生态环境的破坏减小到最低程度,否则就是不孝的行为。大家都知道孝在古代社会对于人在社会立足的重要性,孔子以此为约束,来达到保护生态环境的目的,可见,生态环境在孔子心中的分量有多么重。

西周春秋时期的生态环境保护思想一方面是文化的遗留,另一方面则是因时而发,虽然它"未必真的可以成为医治社会的药方",但是"一种有活力的思想,又必须能够对各种社会问题给予深刻的诊断,虽然它不能成为真的手术刀解剖社会肌体,挖掉社会的病灶,但可以提出可供选择的、有针对性的批评,通过尖锐的批评使人们思考"。[①] 我们无法指望一种刚刚萌芽的思想就能够成为医世妙方,一下子医治好社会病症,这也是不现实的。但是从这些思想中,我们至少能够看到当时社会生态环境问题的严重程度,以及时人对这些问题所进行的探

---

① 葛兆光:《中国思想史》(第2卷),复旦大学出版社2001年版,第28页。

索和思考，并最终产生的相关思想内容，从中有所收益，就已经足够。

第三节 生态环境保护的初步实践

尽管西周春秋时期已经萌发了生态环境保护思想，但是我们必须切记，那时的生态环境保护思想和我们今天所说的生态环境保护还是有差别的。我们今天呼吁保护生态环境，是为了人类社会的长远发展而发，是为了生态而保护生态，而古代的生态环保思想，一方面是出于自觉的思想，在文化的传承下产生的生态环保思想；另一方面在很大程度上是出于政治的需要，是为了政治而生态。因为古代社会生产力落后，生态环境好坏和国计民生有极大的联系。作为农业生产不足的重要补充，生态资源充足，是人民安居乐业、社会稳定的一个重要保证，是关系到统治者能否长治久安的大事。所以，当西周春秋时期出现生态问题时，当时的政治家比思想家反映更积极，他们在劝谏君王时每每把生态环境问题和国家存亡联系起来，以引起其重视，也正是在这样的前提下，伴随着这一时期生态环境保护思想的产生，保护生态环境的早期实践也随之展开，并且通过以下方式体现出来。

一 生态环境保护机构和官员的设置

尽管西周春秋时期还没有也不可能有像今天这样完备的生态环保机构，但当时已经设置专门官员负责生态环境保护工作则是无可置疑的。正如美国学者埃克霍姆所说："甚至早在腓尼基人定居以前，人们就进入中国北部肥沃的、森林茂密的黄河流域。几世纪以来，迫切需要永无止境的农田，终于导致华北平原大部分地区成为无林地带。这种趋势在周朝872年之久的统治时期（公元前1127—公元前255年）被部分地制止了；这一黄金时代产生了肯定是世界上最早的'山林局',并重视了森林的保持。"①埃克霍姆所谓的"山林局",便是当时的生态环境保护机构,既然有机构必定有相关官员,他们在先秦典籍里被称为"虞"、"衡"等。

中国古代设立专门官员负责生态环境保护有着悠久的传统,至少在尧舜时代就设置了"虞"一职务管理山林鸟兽的记载。《尚书·尧典》记载曰:"帝曰:'畴若予上下草木鸟兽?'佥曰:'益哉。'帝曰:'俞,咨,益,汝作朕虞。'"意思是舜询问谁能替他管理山林鸟兽,大家推荐了益,于是舜任命益为"虞",以管理草木鸟兽,这件事情,很多古籍均有记载。《史记·五帝本纪》曰:"于是以益为朕虞。"马融曰:"虞,掌山泽之官名。"《汉书·地理志》曰:"(益)为舜朕虞,养育草木鸟兽。"以此来看,益确实是舜任命的负责管理山林川泽、飞鸟走兽的官员,我国古代着手生态环境保护工作开始之早,的确令人自豪,上引埃克霍姆甚至十分肯定地说中国有世界上最早的"山林局",而他说的山林局是周代的,事实上,我国在此之前已经有了生态环境保护官员。我国学者李丙寅认为"虞"是世界上最早的生态保护机构。②虽然这个结论有待商榷,但是我国有悠久的生态环境保护传统则是毫无疑问的。

到了周代,我国保护生态环境的官员更多,分工也更加细致。据《周礼》记载,当时负责管理和保护环境的官吏很多,《天官》曰:"以九职任万民:一曰三农,生九谷。二曰园圃,毓草木。三曰虞衡,作山泽之材。四曰薮牧,养蕃鸟兽。"从其职责看,这里的园圃、虞衡、薮牧都属生态环境官员。再如

---

① [美]埃克霍姆:《土地在丧失》,黄重生中译本,科学出版社1982年版,第27页。
② 李丙寅:《略论先秦时期的环境保护》,《史学月刊》1990年第1期。

《地官》所载之"山虞"、"泽虞"、"林衡"、"川衡"、"迹人"等。尽管《周礼》成书于战国时期，但书中许多史料属于西周，据张亚初先生考证，上述前四个职官确是西周所设，[①] 职责就是保护山林川泽，其具体职责是：

> 山虞掌山林之政令。物为之厉而为之守禁。仲冬，斩阳木；仲夏，斩阴木。凡服耜；斩季材，以时入之，令万民时斩材，有期日。凡邦工入山林而抡材，不禁，春秋之斩木不入禁。凡窃木者有刑罚。若祭山林，则为主而修除，且跸。若大田猎，则莱山田之野。及弊田，植虞旗于中，致禽而珥焉。
>
> 林衡掌巡林麓之禁令而平其守，以时计林麓而赏罚之。若斩木材，则受法于山虞，而掌其政令。
>
> 川衡掌巡川泽之禁令而平其守。以时舍其守，犯禁者，执而诛罚之。祭祀、宾客，共川奠。
>
> 泽虞掌国泽之政令，为之厉禁。使其地之人守其财物，以时入之于玉府，颁其余于万民。凡祭祀、宾客，共泽物之奠。丧纪，共其苇蒲之事。若大田猎，则莱泽野。及弊田，植虞旌以属禽。
>
> 迹人掌邦田之地政，为之厉禁而守之。凡田猎者受令焉，禁麛卵者，与其毒矢射者。

还有《夏官》所记载的"司爟"：

> 掌行火之政令。四时变国火，以救时疾，季春出火，民咸从之。季秋内火，民亦如之。时则施火令。凡祭祀，则祭

[①] 张亚初、刘雨：《西周金文官制研究》，中华书局1986年版，第120页。

爟。凡国失火，野焚莱，则有刑罚焉。

除了上述官员，还有很多官员职责都涉及生态环境保护，如《秋官》之"野庐氏"，"掌达国道路，至于四畿。比国郊及野之道路、宿息、井、树"。"雍氏"，"雍氏掌沟渎、浍、池之禁。凡害于国家者，春令为阱，攫沟渎之利于民者；秋令塞阱杜攫。禁山之为苑泽之沉者"。

这些官员，不仅职责明确，而且机构健全完备，这体现在其下属各级机构之完备上，以"虞"、"衡"为例：

> 山虞，每大山中士四人，下士八人，府二人，史四人，胥八人，徒八十人。中山，下士六人，史二人，胥八人，徒八十人。小山，下士二人，史一人，徒二十人。
>
> 林衡，每大林麓下士十有二人，史四人，胥十有二人，徒百有二十人，中林麓如中山之虞，小林麓如小山之虞。
>
> 川衡每大川下士十有二人，史四人，胥十有二人，徒百有二十人。中川下士六人，胥六人，徒六十人。小川下士二人，史一人，徒二十人。
>
> 泽虞，每大山大薮中士四人，下士八人，府二人，史四人，胥八人，徒八十人。中泽中薮如中川之衡，小泽小薮如小川之衡。

这是多么完备的生态环境保护机构！这些完备的、组织严密的环保机构势必能够对西周的生态环境发挥有效的保护作用。难怪外国学者会惊叹！这的确令人惊叹，在生态环境问题根本不算严重的西周时期，居然已经有了这么健全的机构来负责生态环境保护工作，更加说明在这方面我国有着悠久的、良好的传统！

到了春秋时期这些机构依然常设，《国语·齐语》说管子在齐国施政时,"市立三乡,泽立三虞,山立三衡",《左传》昭公二十年所载婴子和齐侯的对话中也提到:"山林之木,衡鹿守之;泽之萑蒲,舟鲛守之;薮之薪蒸,虞候守之;海之盐蜃,祈望守之。"这些"虞"、"衡"等显然就是《周礼·地官》所记载的环保官员。直到春秋晚期,生态环境保护官员依然可见,如《左传》哀公十四年载:

> 十四年春,西狩于大野,叔孙氏之车子鉏商获麟,以为不祥,以赐虞人。仲尼观之,曰:"麟也。"然后取之。

可见从西周直到春秋时期,设立正式官员,管理生态资源确实是较为普遍的做法。尽管这些机构和官员的设置在某些方面多少带有上层社会把持、垄断生态资源的性质,但这些官员如《周礼·地官》所记,在客观上还是起到了保护生态环境的作用,这是我们应该客观看待的。

二 法令、法规的颁布

虽然西周春秋时期国家设有专门机构和官员负责保护生态环境,但是事实上,随着生态问题的日益突出,已经使一些有远见的官员认识到保护生态环境的重要性。虽然不是专职的负责保护生态环境的官员,但是他们也利用自己手中的权力,通过法令、法规,来保护生态资源,这些官员的生态环境保护实践也屡见于史书记载。

如《左传》襄公三十年:"丰卷将祭,请田焉。弗许,曰:'唯君用鲜,众给而已。'"说的是郑国贵族丰卷为了准备祭祀的物品请求去打猎,但是他的请求被执政子产拒绝。这件事使我们看到在郑国进行田猎活动已不再是一件随心所欲的事情,国家已经开始进行限制,这在某些程度上反映出当时必定出现了生态资源紧张的情况，否则，郑国贵族丰卷完全可以像《诗经》所记载的西周诸侯、贵族那样大张旗鼓地去进行田猎，而根本用不着请示。他之所以请示，说明郑国必定有相关的法令，使他不敢冒犯。

既然有法令，违背了法令就一定会受到惩罚。《左传》昭公十六年：

> 九月，大雩，旱也。郑大旱，使屠击、祝款、竖柎有事于桑山。斩其木，不雨。子产曰："有事于山，艺山林也，而斩其木，其罪大矣。"夺之官邑。

郑国大旱，几位官员到桑山求雨，为了工作需要而砍伐了山上的树木，结果就被罢免了官职，他们可能是古代最早因为破坏了生态环境而遭到罢免的官员，可见郑国在生态环境保护方面法令的严厉。

再如《左传》昭公六年："楚公子弃疾如晋……禁刍牧采樵，不入田，不樵树，不采艺，不抽屋，不强匄。誓曰：'有犯命者，君子废，小人降。'"楚公子弃疾到晋国，特别命令不得以任何形式破坏晋国的生态环境，如果违反命令，将会受到不同程度的惩罚。连别国的生态环境都注意保护，更不要说自己的国家了。

三　种草植树

除了设置生态官员、颁布法令来保护生态环境，当时还采取了一些措施来改良生态环境，如植树造林。《周礼·夏官》之"司险"，其职责就有种树，"掌九州之图，以周知其山林、川泽之阻，而达其道路。设国之五沟、五涂，而树之林以为阻固，皆有守禁，而达其道路"。设立专门官员负责种树，也是周代的一项制度,正如《国语·周语中》所说:"周制有之曰:'列树以表道,立鄙食以守路,国有郊牧,疆有寓望,薮有圃草,囿有林池,所以御灾也。'"

据此,我们可以肯定,当时已经开始在大路以及其他能种树的地方植树造林,种草蓄水,以美化生态环境,这还可在《左传》襄公九年得到印证:"冬十月,诸侯伐郑……杞人、郳人从赵武、魏绛斩行栗。"在对郑国的战争中,把郑国的行道树都给砍伐了,恰恰说明种植行道树已是较为普遍的事情了,这无疑也是一种保护生态环境的实践活动。

总之,与初步萌发的生态环境保护思想一样,生态环境保护的实践也是刚刚起步或者说是处于尝试阶段。但无论如何,在当时生态环境问题尚未全面暴露之时,其严重性已经能够被当时的思想家和政治家洞察,他们开始以不同的方式阐发自己的见解,呼吁保护生态环境,并开始采取保护的措施,这是尤其可贵的地方,也是最值得我们借鉴的地方。事实也证明,这一时期的生态环境保护的思想和实践,对后世社会解决日益严重的生态环境问题也留下了宝贵的经验。

第 五 章

公元前5至前3世纪:日益严重的生态环境问题

公元前5至前3世纪包括中国古代的春秋时代末期、战国时期和秦朝,这里之所以用世纪而不用时期或朝代来称呼这段历史时期,一来是出于和前文标题对称的需要,二来则因为战国时期的起始年代至今存在分歧。使用这样的标题,既能较为完整地叙述这一历史时期的社会状况,又可以避免因年代问题而可能产生的纠纷和遗漏。因为春秋时期的生态问题前文已经论及,而秦朝又十分短暂,所以本章的讨论重点放在战国时期,同时兼及秦朝。

战国时代在中国古代历史进程中的重要地位是有目共睹的,杨宽先生说过:"春秋战国间是中国历史上巨大的转变时期,无论在经济、政治和文化方面都有巨大的转变。战国时代又是中国历史上一个重要发展时期,无论经济、政治和文化各方面都有重大的发展。""战国时代是我国历史上文化思想界百家争鸣、群星灿烂的时期,又是科学技术上取得辉煌成就的时期,同时是生产力有了重大发展的时期。"[①] 事实正是如此,战国时期,随着铁农具的广泛使用和农耕技术的提高,生产力得到极大的发展,

---

① 杨宽:《战国史》,上海人民出版社1955年版,序言,第30页。

人口明显增加,土地开垦面积越来越大,再加上规模越来越大的兼并战争,都使生态环境遭到了前所未有的破坏。

第一节 社会生产力发展对生态环境的影响

一 战国时期农业生产水平的提高

(一) 铁矿业的迅速发展

春秋时期已经开始出现铁器,只是没有广泛使用。但是它对战国时期铁器的广泛使用却有着不容忽视的作用。铁器的使用,首先促进了对铁矿的开发,到了战国时期,发现和开发的铁矿越来越多,据《管子·地数》篇记载,管子在给齐桓公谈到当时四海之内的铁矿时说:"出铜之山四百六十七山,出铁之山三千六百九山。"杨宽先生认为这个数字不免夸张,但他又指出:"这时发现的铁矿一定很多了。"[①] 事实应该如此,从战国时期铁农具的广泛使用来看,当时必定有很多的铁矿作为支撑,否则就不可能生产出那么多的铁器。仅仅《山海经》,就记载了几十处产铁的地点:

> 符禺之山,其阳多铜,其阴多铁。
> 英山……其阴多铁,其阳多赤金。
> 竹山,其上多乔木,其阴多铁。
> 泰冒之山,其阳多金,其阴多铁。
> 龙首之山,其阳多黄金,其阴多铁。
> 西皇之山,其阳多金,其阴多铁。
> 鸟山……其阴多铁。

[①] 杨宽:《战国史》,上海人民出版社1955年版,序言,第30页。

孟山，其阴多铁，其阳多铜。(《西山经》)

虢山……其阴多铁。
潘侯之山……其阴多铁。
白马之山，其阳多金玉，其阴多铁。
维龙之山……其阴有铁。
柘山，其阳有金玉，其阴有铁。
乾山，无草木，其阳有金玉，其阴有铁而无水。(《北山经》)

涹山，其上多赤铜，其阴多铁。
泰威之山，其中有谷曰枭股，其中多铁。
密山，其阳多玉，其阴多铁。
橐山……其阴多铁。
夸父之山……其阴多铁。
少室之山……其下多铁。
役山，上多白金，多铁。
大𬴊之山，其阴多铁。
荆山，其阴多铁。
铜山，其上多金、银、铁。
玉山，其上多金玉，其下多碧铁。
岐山，其上多白金，其下多铁。
騩山，其阴多铁。
虎尾之山，其阴多铁。
又原之山……其阴多铁。
帝囷之山……其阴多铁。
兔床之山，其阳多铁。
鲜山，其阴多铁。

求山，其阴多铁。

丙山……多黄金、铜、铁。

风伯之山……多铁。

洞庭之山，其上多黄金，其下多银、铁。

暴山，其下多文石、铁。(《中山经》)

另外，从史料记载来看，战国时人已经具备了一定了辨别矿石的能力和经验，《管子·地数》篇载管子曰："山上有赭者其下有铁……此山之见荣者也。"赭就是赭石，矿物，主要成分是三氧化二铁，发现此物下面就可能有铁矿，战国时期的人们已经具备了这样的判断能力。也正因为如此，他们才能发现那么多的铁矿。不仅发现了这么多的铁矿，当时已经具备比较先进的开采技术，能够合理有效地把矿石开采出来。[①]

铁矿的开采，推动了战国时期冶铁业的迅速发展，根据文献记载和考古发现，战国时期赵国的邯郸、齐国的临淄、楚国的宛、韩国的新郑、阳城、魏国的梁以及晋国的绛等地，都是重要的冶铁手工业地点。[②]

(二) 铁农具的广泛使用

随着铁矿业和铁器制造业的迅速发展，铁制农具在战国时期得到广泛的使用。无论是文献记载还是考古发现都能使我们较为全面地了解当时铁制农具的使用情况，如《孟子·滕文公下》曰："许子以釜甑爨，以铁耕乎？"是孟子在问其学生陈相许行是不是用铁制农具耕田，说明当时的农耕中已经使用铁器。《管子·海王》篇云："今铁官之数曰：一女必有一针一刀……耕者

---

① 铜绿山考古发掘队：《湖北铜绿山春秋战国古矿井遗址发掘简报》，《文物》1975年第2期。

② 杨宽：《战国史》，上海人民出版社1955年版，第33页。

必有一耒、一耜、一铫……行服连轺辇者必有一斤一锯一锥一凿。"这不仅使我们看到了当时铁农具的种类，还使我们看到当时有专门的官员即"铁官"负责铁农具的生产和分配，《管子·轻重乙》篇有同样的记载，这些文献记载都反映了铁制工具得到广泛使用的事实。

而近年的考古发掘，则进一步证实了文献记载内容之属实。据考古发现，已经出土的战国时期铁器，遍布齐、秦、楚、燕和三晋地区，北方的东胡、匈奴，南方的百越也都有战国时期的铁器出土。如在河北省兴隆县大副将沟燕国冶铁遗址出土了一批铁制铸范，共42副87件，包括锄范、镰范、镢范、斧范等等；[1] 辽宁省也发现一些战国遗址，在鞍山羊草庄、抚顺莲花堡等地均有镢、锄、铲、刀等铁器出土，莲花堡遗址虽然不大，但是却出土铁器80多件，而且以农具为主，"如果不是冶铁手工业广泛发展，铁器已经普遍应用的话，很难想象在莲花堡这样一处不大的遗址中，会出现如此多样的农具"。[2] 河南新郑韩故城遗址的冶铁作坊也发现大量的铁制农具；[3] 河北石家庄市庄村的赵国遗址，也出土了一批铁器。[4] 在出土的战国铁器中，生产工具占了相当大的比重，而在生产工具中，农具又居于主要地位，有的学者对部分遗址出土的战国铁器做了认真统计，并得出表1的结果：[5]

---

[1] 郑绍宗：《热河兴隆发现的战国生产工具铸范》，《考古通讯》1956年第1期。
[2] 王增新：《辽宁抚顺市莲花堡遗址发掘简报》，《考古》1964年第6期。
[3] 刘东亚：《河南新郑仓城发现战国铸铁器范》，《考古》1962年第3期。
[4] 河北省文物管理委员会：《河北省石家庄市市庄村战国遗址的发掘》，《考古学报》1957年第1期。
[5] 雷从云：《战国时期农业发展的标志、原因与作用浅析》，《农业考古》1986年第2期。

表1　战国部分地区出土铁器中生产工具和铁农具所占比例

铁器出土地点	总件数	生产工具 件数	生产工具 所占百分比(%)	铁农具 件数	铁农具 所占百分比(%)
辽宁抚顺莲花堡	80余	77	96.2	68	88.3
山西长治分水岭	36	31	86.1	21	67.7
河北兴隆古洞沟	87	85	97.7	52	61.2
河南辉县固围村	93	约69	74	58	84.1
湖南长沙衡阳61号楚墓	70余	21	30	17	80.9
广西平乐银山岭	181	约170	93	91	53.4

这个表格所列虽然只是局部地区的统计结果，但是很有代表性。通过上表所列数字，我们可以看出，在战国时期的铁器中，生产工具是其主要门类，所占比例一般都很大；而在生产工具中，农具又是主要门类，同样占有很高的比例。从铁农具在铁器中所占比重之大，我们可以看出铁器出现以后，在很大程度上是服务于农业生产的。正如考古工作人员所说："到战国中期（公元前4世纪），情况就大大不同了。十年来，在战国七雄的全部地区，都发现有战国中、晚期的铁农具或铁器，出土地点有辽宁、河北、山东、山西、河南、陕西、湖南、四川等8个省的20处以上的地方。1955年石家庄市庄村赵国遗址发现的铁农具，即占这个遗址出土的全部铁、石、骨、蚌质工具的65%。辉县的魏墓，长沙的楚墓和兴隆的燕国遗址发现的铁农具或铸造农具的铁范也都在几十件以上，其中辉县固围村的五座魏墓就出土了犁铧、䥄、臿、锄、镰等铁农具58件。这清楚地说明，到战国中期以后，铁制生产工具在生产上已占主导地位，铁农具的使用已经相当普遍。"[①]

[①] 中国科学院考古研究所：《新中国的考古收获》，文物出版社1961年版，第61页。

因此我们可以断定，铁器的推广和普及，首先大大推动了农业生产的发展，提高了整个社会的劳动生产率，其重要体现之一就是农田的开垦和耕地面积的增加，而这个过程，就是对生态环境进行改造或者是破坏的过程。

(三) 牛耕的推广及施肥技术的提高

牛耕的使用始于春秋末期，但当时铁器还没有广泛使用，尤其是牛耕所用的犁铧尚未出现，因此牛耕的作用受到了极大的限制。到了战国时期，铁制农具广泛使用，犁铧在许多战国遗址中都有发现，说明牛耕在当时已经普遍使用。

牛耕的使用，是农业史上一个划时代的标志。它使农业生产脱离了原始的人力为主的状态，它不仅可以连续大面积的翻土，而且可以深耕，对此文献也有记载，如《孟子·梁惠王上》有"深耕易耨"之说，《管子·度地》篇有"利以疾耨"之语，《韩非子·外储说左上》说："如是耕者且深，耨者熟耘也。"《庄子·则阳》篇说："昔予为禾，耕而卤莽之，则其实亦卤莽而报予，芸而灭裂之，其实亦灭裂而报予。予来年变齐，深其耕而熟耰之，其禾蘩以滋，予终年厌飧。"《荀子·天论篇》说："楛耕伤稼。"这些言论在战国典籍的大量出现，反映出在当时深耕的重要性已经广为人知。

《吕氏春秋·任地》则总结了深耕的益处："其深殖之度，阴土必得，大草不生，又无螟蜮。"牛耕的推广，不仅大大提高了劳动生产力，还影响到了整个社会的其他方面，正如摩尔根所说那样："用畜力拉犁，可以视为一项技术革新。这时候，人们开始产生开发森林和垦种辽阔的田野的念头。而且，也只有到了这个时候才可能在有限的地域内容下稠密的人口。"[①]

---

① [美] 路易斯·亨利·摩尔根：《古代社会》，杨东莼等中译本，商务印书馆1977年版，第24页。

正是由于牛耕的推广，使大面积的开垦荒地成为可能，并促进了生产力的提高和单位面积产量的增加，这也和人口的相应增加相辅相成。但是同时，正如摩尔根所说，牛耕也使大面积地改变或者说破坏生态环境成为可能，在一定程度上加速了对生态环境的毁坏。

通过施肥提高农业产量的做法在春秋以前文献中没有明显记载，而战国文献中这样的记载很多。如《孟子·万章下》曰"百亩之粪"，《滕文公上》曰："凶年，粪其田畴而不足。"《荀子·富国篇》云："掩地表亩，刺草殖穀，多粪肥田，是农夫众庶之事也。"《致士篇》云："树落则粪本。"《韩非子·解老篇》道："积力于田畴，必且粪灌。"《吕氏春秋·季夏纪》记载："是月也，土润溽暑，大雨时行，烧薙行水，如以热汤，可以粪田畴，可以美土疆。"

这些记载告诉我们，战国时期农业生产中已经把施肥提到很重要的地位，农民都在努力于多施肥料，以提高产量。

（四）水利灌溉工程的兴起

通过有意识的灌溉，提高农业产量这一做法在我国起源较早。《诗经·小雅·白华》曰"滮池北流，浸彼稻田"，就是对稻田进行的灌溉。春秋时期楚庄王相孙叔敖建造芍陂（在今安徽寿县)，可说是我国较大的蓄水灌溉工程中最早见于记录的。到了战国时期，水利灌溉工程也发展起来。对此，《史记·河渠书》做了详细记载：

> 自是之后，荥阳下引河东南为鸿沟，以通宋、郑、陈、蔡、曹、卫，与济、汝、淮、泗会。于楚，西方则通渠汉水、云梦之野，东方则通沟江淮之间。于吴，则通渠三江、五湖。于齐，则通菑济之间。于蜀，蜀守冰，凿离碓，辟沫水之害，穿二江成都之中。此渠皆可行舟，有余则用溉浸，

百姓飨其利。至于所过,往往引其水益用溉田畴之渠,以万亿计,然莫足数也。西门豹引漳水溉邺,以富魏之河内。而韩闻秦之好兴事,欲罢之,毋令东伐,乃使水工郑国间说秦,令凿泾水自中山西邸瓠口为渠,并北山东注洛,三百余里,欲以溉田。中作而觉,秦欲杀郑国。郑国曰:"始臣为间,然渠成亦秦之利也。"秦以为然,卒使就渠。渠就,用注填阏之水,溉泽卤之地四万余顷,收皆亩一钟。于是关中为沃野,无凶年,秦以富强,卒并诸侯,因命曰郑国渠。

通过这段文字我们能够看出,鸿沟是当时十分庞大的一项水利工程,它沟通了六个国家和四条河流,对于各国农业的发展,起到了很大的作用;秦昭王时,蜀守李冰凿离碓,穿二江,筑都江堰,灌溉成都平原五百多万亩;魏国文侯时,西门豹引漳河水灌溉河内之地,促进了魏国农业的发展;秦王政元年,韩使水工郑国入秦,劝秦凿泾水作渠,渠成,名为郑国渠,溉地四百多万亩,"秦以富强,卒并诸侯"。除了这些国家,其他国家都大力兴修水利工程,大小溉田沟渠更是不可胜数。《汉书·沟洫志》记载:"至于它,往往引其水,用溉田,沟渠甚多,然莫足数也。"可见当时水利工程兴修的盛况!

除了大力兴修水利工程,战国时期,对于水利的管理也非常重视,有专门的官员负责水利。如《荀子·王制篇》说:"修堤梁,通沟浍,行水潦,安水藏,以时决塞,岁虽凶败水旱,使民有所耘艾,司空之事也。"《吕氏春秋·季春纪》说:"是月也,命司空曰,时雨将降,下水上腾,循行国邑,周视原野,修利堤防,导达沟渎,开通道路,无有障塞。"《孟秋纪》也说:"是月也……命百官始收敛,完堤防,谨壅塞,以备水潦。"这些记载说明水利被看做国家的重要事务,并且把定时检查与维修安排在日常行政的范围内。

完备的水利工程，对于农业生产的发展，势必起到重大的推进作用，因此，在战国时期，各国农业发展迅速，也是历史的必然。而农业生产的迅速发展，对于当时各国在激烈的兼并战争中求得生存，确实是至关重要的，但是，另一方面，农业生产的迅速发展，对于生态环境的影响也是非常大的，这是当时各国谁也想不到（当然，在当时社会条件下，谁也不会去考虑）的一个问题。

二 开垦荒地对生态环境的改造

西周春秋时期，保持着原始生态状况的荒芜土地很多，当时由于生产力较为落后，加上人口数量少，对耕地的需求量不是很大，所以能够保持较好的生态环境。战国时期，随着铁制农具的广泛使用和牛耕的推广，人们开垦荒地的能力大大加强，正如恩格斯所说："铁使更大面积的农田耕作，开垦广阔的森林地区，成为可能；它给手工业工人提供了一种其坚固锐利非石头或当时所知道的其他金属所能抵挡的工具。"[1] 坚硬、锋利的铁制工具，使人们开垦荒地和砍伐森林变得更为方便快捷，但是同时也使人们改变或者破坏生态环境的能力也大大加强。而随着人口的不断增加和战争的需要，对耕地的需要越来越多，又迫使人们去开垦更多的荒地，在这样的情况下，生态环境遭到破坏也就在所难免了。

对于战国时期土地开垦的具体情况虽然不见记载，但是提倡开垦土地的思想却屡见于文献之中。当时各国的思想家、政治家都把开垦土地当做富国强兵的首要之举，那么，他们为何会如此重视垦荒呢？

---

[1] 恩格斯：《家庭、私有制和国家的起源》，《马克思恩格斯选集》（第4卷），人民出版社1972年版，第159页。

（一）垦荒事关战争胜负

众所周知，战国时期最显著的特点就是战争，在激烈的兼并战争中，各国都需要充足的物资作为后盾，而这些物资大多与农业生产有关，所以，农业发展的好坏是取胜的关键因素之一，就像《商君书·农战》篇所说那样："故治国者欲民之农也。国不农，则与诸侯争权不能自持也，则众力不足也。"没有农业作为支撑，在争霸战争中势必处于不利的地位。

而农业生产要发展，在当时背景下，毫无疑问需要更多的耕地，而得到耕地的最直接有效办法，就是垦荒。《管子·治国》篇对二者的关系做了最直接明白的分析："民事农则田垦，田垦则粟多，粟多则国富，国富者兵强，兵强者战胜，战胜者地广。"而垦田数量对战争的支撑，《商君书·算地》也做了阐述："方土百里，出战卒万人者，数小也。此其垦田足以食其民。"在古代，粮食充裕是一个国家富强与否的直接体现，要想得到更多的粮食，垦荒是必不可少的手段。只有通过垦荒，才能得到更多的耕地，产出更多的粮食，才能达到兵强的目的，才能在战争中取胜。

不仅如此，通过垦荒，还可能由败转胜，《史记·范雎蔡泽列传》载蔡泽语："大夫种为越王深谋远计，免会稽之危，以亡为存，因辱为荣，垦草入邑，辟地植谷，率四方之士，专上下之力，辅勾践之贤，报夫差之仇，卒擒劲吴，令越成霸。"《吴越春秋·勾践归国外传》也说："越王内实府库，垦其田畴，民富国强，众安道泰。"勾践最后反败为胜，消灭吴国，重要原因之一通过垦荒增加了粮食收入，使国家变得富强起来。

（二）垦荒事关农业发展、国家安定

战国时期各国统治者都十分重视对荒地的开垦，原因还在于垦荒关系到国家稳定，农业发展。《管子·五辅》篇说："所谓六兴者何？曰：辟田畴，利坛宅，修树艺。""垦田畴，修墙屋，则国家富。"把垦荒作为国家兴盛的一个标志；《商君书·算地》篇说："故为国之数，务在垦草。"认为开垦荒地是国家的根本大事，因为垦荒可以得到更多的耕地，可以给老百姓带来更多的收入，正如《韩非子·显学》篇所说："今上急耕田垦草以厚民产也。"《荀子·王制》也认为这是爱护人民的体现："慈爱百姓，辟田野，实仓廪。"甚至连一向提倡节俭的墨子都认识到垦荒的必要性，《墨子·节葬下》说："五官六府，辟草木，实仓廪。"可见当时垦荒对于国家的重要性。正因为这样，开垦荒地上升到通过国家政令来得到贯彻实施的高度，《商君书·壹言》"上令行而荒草辟"，就是要以法令的形式来督促垦荒。

当时社会发展迅速，人口也增加很快，相应的人口必然要求相应的耕地，有了耕地人民才能安定下来。但是实际上在一些国家已经出现了因耕地不足而导致粮食不足情况，因此，当时的政治家思想家最关心的事情之一就是任凭大量的土地存荒而不去开垦，《商君书·算地》篇："今世主有地方数千里，食不足以待役实仓，而兵为邻敌，臣故为世主患之。"

在这样的形势下，不开垦土地，则会被认为是重大失策，如《商君书·算地》篇："夫地大而不垦者，与无地同；民众而不用者，与无民同。"《管子·权修》篇："地之不辟者，非吾地也。"甚至国家的贫穷，也会被归咎于土地开垦的不力，如《管子·权修》说："地博而国贫者，野不辟也。"《管子·八观》也道："行其田野，视其耕耘，计其农事，而饥饱之国可以知也。……草田多而辟田少者，虽不水旱，饥国之野也。"在这样的风气下，各国自然而然会重视垦荒。有的政治家甚至提出来要国君作为表率，亲自动手去垦荒，《管子·轻重甲》篇道："今君躬犁垦田，耕发草土，得其谷矣。"

在一些政治家看来，垦荒还有助于社会风气的好转，《商君书·垦令》篇曰:"褊急之民不斗,很刚之民不讼,怠惰之民不游,费资之民不作,巧谀恶心之民无变也,五民者不生于境内,则草必垦矣。"意思是说要想使垦荒能有效地得到推行,必须要纠正不良的社会风气,那么统治者为了推行垦荒政策,必定会想方设法纠正这些不利于社会安定的不良风气,从这方面来说,垦荒还有利于社会的安定,这也是农业社会的特点。

(三)垦荒事关人口众寡

战国时期兼并战争规模巨大,战况惨烈。当时决定战争胜负最为关键的一个因素就是军队数量的多少。而军队规模的大小则直接取决于人口数量的众寡,因此各国也非常重视人口的多少,在当时增加人口的一个常用办法就是鼓励本国男女早婚早育,如《国语·越语》所载勾践败于吴王夫差后,为了增加人口,恢复国力,勾践"令壮者无取老妇,令老者无取壮妻。女子十七不嫁,其父母有罪;丈夫二十不娶,其父母有罪。将免者以告,公令医守之。生丈夫,二壶酒,一犬;生女子,二壶酒,一豚。生三人,公与之母,生二人,公与之饩"。越国如此,其他各国也不例外,有关战国时期重视人口增殖的思想和措施,将在本文后面章节详细论述,此不赘述。

除了鼓励本国早婚早育,通过开垦荒地,为人们提供足够的耕地则成为当时吸引、积聚人口的一个重要策略,如《管子·牧民》:"凡有地牧民者,务在四时,守在仓廪。国多财则远者来,地辟举则民留处。"指出开垦荒地是留住人民的重要手段,而《商君书·徕民》则提出:"今以草茅之地徕三晋之民,而使之事本,此其损敌也与战胜同实,而秦得之以为粟,此反行两登之计也。"开垦荒地吸引别国人民,还被当成打击敌国的有效策略。

秦国正是通过"利其田宅而复之三世"的政策招徕三晋之民,增加本国耕战人口,最终富强起来,得以统一六国。唐代史学家杜佑对此做了详细论述:"鞅以三晋地狭人贫,秦地广人寡故草不尽垦,地利不尽出。于是诱三晋之人;利其田宅,复三代无知兵事而务于内,而使秦人应敌于外,故废井田,制阡陌,任其所耕,不限多少。数年之间,国富民强,天下无敌。"①

由此可见,开垦荒田不仅可以增加本国的耕地,发展本国的农业生产,而且还能成为一项吸引别国人口来投,削弱敌国力量并达到打击甚至消灭敌国目的的重要策略。

在上述思想的指导下和这些思想家政治家的推波助澜中,各国都会不遗余力,开垦荒地,发展农业,富国强兵,以谋求能够在激烈残酷的兼并战争中得以生存。

至于生态环境的破坏与否,则根本不在也不会在考虑范围之内,人们所要做的,就是以破坏生态环境为代价,来换取他们所需要的如人口增多、农业发展等,《商君书·徕民》如实地反映了当时人们的这种思想:"今秦之地,方千里者五,而谷土不能处二,田数不满百万,其薮泽、溪谷、名山、大川之材物货宝又不尽为用,此人不称土也。"在当时诸国中,秦国的生态环境算是保持较好的,正如《荀子·强国》篇所描绘那样:"其固塞险,形势便,山林川谷美,天材之利多,是形胜也。"但是,为了发展经济和战争的需要,破坏良好的生态环境也在所不惜。可想而知,在这种思想的影响下,各国都会大力开垦荒地,砍伐森林,焚烧草莱,以破坏生态环境为代价换取社会经济的发展,以达到国富兵强,在兼并战争中得以生存的目的。

第二节 人口骤增对生态环境的影响

西周春秋时期,生产力相对落后,人口增长缓慢,"在传统

---

① 杜佑:《通典》(卷一·食货一·田制上),浙江古籍出版社1988年影印版。

社会，任一地区人口的发展，几乎都受到资源、环境和生产力发展水平的制约。"① 由于人口较少，所以直到春秋时期还有数量可观的荒地没有开垦，如宋、郑两国之间的"隙地"。因此，当时的政治家、思想家表现出了对人口的强烈兴趣。

到了战国时期，对人口的渴望较之前代有增无减，如《孟子·梁惠王上》梁惠王曰："寡人之于国也，尽心焉耳矣。河内凶，则移其民于河东，移其粟于河内，河东凶，亦然。察邻国之政，无如寡人之用心者，邻国之民不加少，寡人之民不加多，何也？"从这段话里可以看出梁惠王对于人口的强烈渴望。所以《孟子·尽心上》曰："广土众民，君子欲之。"正是对当时国君心理的真实写照。

和前代统治者渴望人口主要是为了扩大统治相比，战国时期对人口的渴望则更多地表现为发展社会经济和争霸战争的需要。《墨子·非命上》说："为政国家者，皆欲国家之富，人民之众。"《管子·重令》也说："地大国富，人众兵强，此霸王之本也。"从这两段话里可以看出，人民是国家富强的基础，只有控制更多的人，才能创造更多的财富，有了足够的财富和军队，才能在当时激烈的争霸战争中取胜。对此，当时的政治家、思想家有清醒的认识，如《管子·霸言》："夫争天下者，必先争人。得天下之众者王，得其半者霸。"再如《荀子·王制》："王夺之人，霸夺之与，强夺之地。夺之人者臣诸侯，夺之与者友诸侯，夺之地者敌诸侯。臣诸侯者王，友诸侯者霸，敌诸侯者危。"由此可见，人口是当时兼并战争中的决定性因素，所以勾践才会采取奖励早婚早育政策来加速人口繁殖，以报败吴之辱，商鞅才会采取鼓励政策吸引三晋之民到秦国，他们的最后

---

① 葛剑雄主编，吴松弟著：《中国人口史》（第3卷），复旦大学出版社2000年版，第655页。

成功，都与人口有着密不可分的关系。所以，战国时期政治家、思想家对人口的渴望，有过于前代而无不及。

战国时期，随着生产力的提高，农业生产得到极大的发展，荒地的开垦越来越多，耕地面积越来越大，粮食产量也大大提高，整个社会的物资也变得丰富起来，这就为人口的增长创造了条件，正如葛剑雄所说："各种自然的和社会的因素——天灾人祸——完全可以在控制和减少人口方面起重大的甚至是决定的作用，但人口的增加却完全取决于人们赖以生存的食物和最基本的物质的数量，其中最重要的还是食物。"①

在这样的环境下，战国时期人口增长很快。但是由于当时没有科学的人口统计，我们对战国时期的人口数量难以得出一个准确的数字，如杨宽先生认为战国时期"中原地区七国的总人口大约不过2000万左右"。② 范文澜先生也说秦统一六国前夕，"七国人口总数约计当在2000万左右"。③ 王育民持相同观点，认为"战国盛时，估计当在2000万人左右"。④ 赵文林、谢淑君通过详细的计算得出了战国中期中国有人口3200万的结论，⑤ 葛剑雄则认为战国时期的人口在4500万之内，⑥ 可见对战国时期人口数量的结论存在着很大的分歧，但是这些分歧并不妨碍我们得出这样的结论：即战国时期的人口数量较之西周春秋时期确实增加了很多，这是毫无疑问的，因为古代文献对战国时期各国的人

---

① 葛剑雄主编，葛剑雄著：《中国人口史》（第1卷），复旦大学出版社2005年版，第171—172页。
② 杨宽：《战国史》，上海人民出版社1955年版，第96页。
③ 范文澜：《中国通史简编》（修订本第1编），人民出版社1949年版，第241页。
④ 王育民：《中国人口史》，江苏人民出版社1995年版，第70页。
⑤ 赵文林、谢淑君：《中国人口史》，人民出版社1988年版，第17—20页。
⑥ 葛剑雄主编，葛剑雄著：《中国人口史》（第1卷），复旦大学出版社2005年版，第300页。

口状况做了大量的记载。

据《史记·苏秦列传》的记载,当时魏国"人民之众,车马之多,日夜行不绝,辒辒殷殷,若有三军之众"。齐国"临菑之涂,车毂击,人肩摩,连衽成帷,举袂成幕,挥汗成雨,家殷人足,志高气扬"。《战国策》魏策一、齐策一也有相同的记载,反映出魏国和齐国人口众多。由于人口众多,导致城市规模迅速扩大,《战国策·赵策三》记载赵奢语曰:"(古时)城虽大,无过三百丈者,人虽众,无过三千家者。"而到了战国时期,"千丈之城、万家之邑相望也"。《战国策·齐策一》载邹忌言曰:"今齐地方千里,百二十城。"可见在齐国城市的密度之高;《孟子·公孙丑下》也有"三里之城,七里之郭"的记载;《墨子·号令》篇中则提到"千家之邑";《韩非子·十过》记载有"(韩康子)因令使者致万家之县一于知伯。……魏宣子因令人致万家之县一于知伯",说韩康子、魏宣子都被迫送"万家之县"给知伯;《史记·赵世家》也有"万户之都"、"千户之都"的记载。从这些记载中我们可以断定战国时代的人口确实是有了显著的增加。

战国时期人口迅速增加的结果,使西周春秋时期地广人稀的状况一去不返,取而代之的是战国时期生态环境的恶化,正如环境史专家唐纳德·休斯指出的那样:"人口增长是促使环境毁灭的最强大动因。迅速增长的人口扩大了人类造成的环境影响的规模,使变化的发生更加迅速。"①

生态环境的恶化首先导致人们生存环境的紧张和恶劣,《商君书·徕民》描述了三晋地区的生态状况:"彼土狭而民众,其宅参居而并处……民上无通名,下无田宅,而恃奸务末

---

① [美]J.唐纳德·休斯:《什么是环境史》,梅雪芹中译本,北京大学出版社2008年版,第120页。

作以处。人之复阴阳泽水者过半,此其土之不足以生其民。"这段话形象地反映了三晋人民的生活状况:由于人口众多,导致人们居住条件紧张,两三家住一个院子,有的人甚至没有住处;土地缺乏,新生人口得不到土地,没有土地的人只好从事末业即商业和手工业。自然条件优越的地方挤满了人,有的人就被迫生活在山谷河道等条件较差的地方,这类地方,春冬时居住,则夏秋时有可能被淹没;夏秋时居住,春冬时则干燥寒冷,条件十分恶劣。

《史记·苏秦列传》也记载魏国"地方千里,地名虽小,然而田舍庐庑之数,曾无所刍牧"。由于人口众多,为了居住人们到处盖房子,把牧场都给占了,无疑破坏了生态平衡。这种情况在齐国同样存在,《管子·八观》篇说:"夫国城大而田野浅狭者,其野不足以养其民。"

人口的增加还必然导致对耕地需求量的增大,这就促使整个社会加大了对荒地开垦的力度,也就是加大了对生态环境的改造力度,生态环境遭到更大的破坏也就在所难免。人口增长对生态环境所造成的压力,当时的思想家已经有所觉察并进行了反思,如《韩非子·五蠹》曰:"古者丈夫不耕,草木之实足食也,妇人不织,禽兽之皮足衣也。不事力而养足,人民少而财有余,故民不争。……今人有五子不为多,子又有五子,大父未死而有二十五孙。是以人民众而货财寡,事力劳而供养薄,故民争;虽倍赏累罚而不免于乱。"正是由于人口的激增,导致生态资源紧张,为了养活众多的人口,只有大力开垦荒地,以获得更多的耕地。但土地的数量毕竟是有限的,在这种情况下,只有增加国土的面积,这只能通过战争来实现。无论是最大限度地开垦荒地还是战争,都会对生态环境造成巨大的破坏。可见,人口的增加和生态环境问题的日趋严重有着密切的关系。

第三节　战争对生态环境的巨大破坏

据学者统计，发生在战国时期的战争共有 230 次，[①] 而春秋时期见于记载的战争次数是 483 次。仅仅从次数上来看，战国时期发生的战争还不到春秋时期的一半，但是这段时期却被称为"战国"时期。究其原因，大概是因为这一时期的战争较之春秋时期，规模更大，持续时间更长，战争方式更多，对生态环境的破坏力更强，因而战争成为这一时期最为显著的特征。

战国时期战争规模变大的原因是各国军队数量的急剧增长，春秋时期较强的几个国家最为强盛时军队数量也不过两三万人，交战时参战军队数量最多时超过十万人。而战国时期七个强国的军队数量则从三十万到一百万不等，《战国策》等史籍对战国各国的军队规模都有记载：

> 秦国：有带甲（或作奋击）百万，车千乘，骑万匹。
> 魏国：有带甲三十万或三十六万，防守边疆和辎重部队十万。（最盛时）有武力二十万，苍头二十万，奋击二十万，厮徒（奴隶）十万，骑五千匹。
> 赵国：有带甲数十万，车千乘，骑万匹。
> 韩国：兵卒近三十万。
> 齐国：有带甲数十万。
> 楚国：有带甲（或作持戟）百万，车千乘，骑万匹。
> 燕国：有带甲数十万，车七百乘，骑六千匹。

[①]　《中国军事史》编写组：《中国军事史：附卷　历代战争年表》，解放军出版社 1985 年版。

当然，这里所列的数字并不是一成不变的，各国军队的数量随着战争的胜负和战事的需要总是在不断地发生变化。但这里的数字至少可以说明战国时期交战方有能力投入几十万的军队，因此战争的规模远远超过了春秋时期，如《史记·秦本纪》说："白起攻韩、魏于伊阙，斩首二十四万，虏公孙喜，拔五城。"白起率秦军打败韩、魏联军，杀掉士兵二十四万，这是一个令人触目惊心的数字，但是比起长平之战，这又算得了什么呢？"秦使武安君白起击，大破赵于长平，四十余万尽杀之。"这是一场尽人皆知的战争，足以说明当时战争规模之大；《楚世家》也说："十七年春，与秦战丹阳，秦大败我军，斩甲士八万。"《战国策·燕策三》则记载燕国攻打赵国"以四十万攻鄗"，"以二十万攻代"，一次就能出兵六十万，战争的规模必定很大。

战国时期的战争，持续时间越来越长，春秋时期较大的战役如城濮之战、鞌之战、鄢陵之战等，都是在一两天之内就分出了胜负，而战国时期的战争就不是这样了。《战国策·赵三》记赵奢语曰："（七国）能具数十万之兵，旷日持久，数岁"，"齐以二十万之众攻荆，五年乃罢。赵以二十万之众攻中山，五年乃归。"《战国策·秦一》说："智伯帅三国之众，以攻赵襄主于晋阳，决水灌之，三年，城且拔矣。"《吕氏春秋·不屈》篇载魏惠王"围邯郸三年而弗能取"。

一场战争，少则三年，多则五年。这些规模巨大、旷日持久的战争必然会对生态环境造成极大的破坏，这种情况也引起的当时思想家的不满，他们纷纷动笔，记下了战争对生态环境的破坏状况：

入其国家边境，芟刈其禾稼，斩其树木，堕其城郭，以湮其沟池，攘杀其牲牷，燔溃其祖庙。（《墨子·非攻下》）
是以差论蚤牙之士，比列其舟车之卒，以攻罚无罪之

国，入其沟境，刈其禾稼，斩其树木，残其城郭，以御其沟池，焚烧其祖庙，攘杀其牺牷。(《墨子·天志下》)

(赵)袭魏之河北，烧棘蒲，坠黄城。(《战国策·齐五》)

秦十攻魏，五入国中，边城尽拔。文台堕，垂都焚，林木伐，麋鹿尽，而国继以围。(《战国策·魏三》)

在残酷的战争中，尚未成熟的庄稼被割走，茂密的树林被砍伐，植被被烧毁，无数的牲畜、飞禽走兽被杀死或逃跑，城防建筑被摧毁，河流被填塞，成片的房屋被焚毁，生态环境遭到了巨大的破坏。

更加令人发指的是，在战国时期的战争中，为了战胜敌国，一种对生态环境尤其具有破坏力的手段——水攻也被经常使用于战争中，如《战国策·赵一》记载："三国之兵乘晋阳城，遂战。三月不能拔，因舒军而围之，决晋水而灌之。"《韩非子·初见秦》对此也做了记载："知伯率三国之众以攻赵襄主于晋阳，决水而灌之三月。"《史记·赵世家》记载赵国为了打击敌国，先后两次决开黄河堤岸；《秦始皇本纪》记载秦攻魏时也采用水攻的办法攻下了大梁。这种对付敌国看来是行之有效的办法对生态环境的破坏却是巨大的，大水长时间浇灌之下，动物或逃或死，较低的植物如灌木草丛也都难逃厄运，土地经过长时间的浸泡之后，土质变坏，而且一时难以恢复，生态环境受到的巨大破坏可想而知。

另外，为了防止生态资源落入敌人之手，在战争来临之前，往往要对生态资源进行一番人为的破坏，《墨子》一书对此做了详细记载：

除城场外，去池百步，墙垣树木小大俱坏伐，除去之。(《备城门》)

去郭百步,墙垣、树木小大尽伐除之。外空井,尽窒之,无令可得汲也。外空室尽发之,木尽伐之。……当遂材木不能尽内,即烧之,无令客得而用之。(《号令》)

材木不能尽入者,燔之,无令寇得用之。(《杂守》)

在战争没有来临之前,生态环境已经遭到了一次大毁坏。再加上战争的扫荡,对生态环境的破坏可想而知。生态环境的破坏,导致严重的社会问题,使人民生活陷入困顿,如《战国策·赵一》记载晋阳被大水浇灌之后,"城中巢居而处,悬釜而炊,财食将尽,士卒病羸"。《史记·平原君虞卿列传》则描写了邯郸被久围之后的惨状:"邯郸之民,炊骨易子而食,可谓急矣。"由此不难想象当时深受战争之苦的人民所处生态环境之恶劣。

此外,为了支持战争,必要的物质是不可少的,于是,大量的树木被砍伐,用于制造兵器、战车及攻打城墙之设备如云梯等。庞大的军队所过之处,草丛植被被踏为泥土,栖息在此的鸟兽受到惊吓逃向他处。

总而言之,战国时期的战争,对生态环境的破坏程度远远地超过了春秋时期。这一时期之所以会产生较之前代明显严重的生态环境问题,战争的破坏,是主要因素之一。

第四节 导致生态环境恶化的其他相关因素

除了社会经济发展和大规模的战争对战国时期的生态环境造成了极大的影响与破坏之外,还有其他相关因素也加剧了这一时期生态环境的恶化。这些因素主要有狩猎捕鱼、修筑宫室、营建陵墓以及自然灾害等,它们对生态环境所产生的影响也是不能低估的。

一　大规模的田猎活动

文献所记载战国时期的狩猎活动尤其是上层社会的田猎较西周春秋时期明显减少。究其原因，一是因为当时兼并战争残酷无比，迫使统治者不得不把主要的精力用在应付频繁发生的战争上，外出田猎的兴致自然有所减少；二是战国时期社会经济发展迅速，伴随着大量的荒地被垦为耕地，林木草丛被砍伐殆尽，加上频繁的大规模的战争影响，大量的野生动物失去了赖以生存的环境，它们或死或逃，导致此类资源大大减少，正如《墨子·公输》所言："宋所为无雉兔狐狸者也。"《吕氏春秋·贵当》也说："齐人有好猎者，旷日持久而不得兽。"都是这种现象的真实反映；三是战国时期狩猎活动的重要性日益下降，西周春秋时期严格的宗法等级制度下，"国之大事，在祀与戎"，祭祀、兵车和田猎联系紧密。而战国时期，礼坏乐崩，宗法制已成明日黄花，再加上当时战争中以步兵和骑兵为主，田猎活动的军事演戏性质也失去了意义，因此，战国时期的狩猎活动比西周春秋时期明显减少。

虽然次数减少了，但是规模却更大了，《列子·黄帝篇》记载："赵襄子率徒十万狩于中山，藉芿燔林，扇赫百里。"一次田猎活动居然出动数十万人，规模之大可想而知；《战国策·楚一》也记载："楚王游于云梦，结驷千乘，旌旗蔽日，野火之起也若云霓，兕虎嗥之声若雷霆。"田猎场面之壮观宏大，由此可见一斑；《史记·魏公子列传》所记赵王田猎，由于队伍浩浩荡荡，居然被魏国当成是进犯之敌并点燃烽火报警，也反映出其田猎规模之大。当时野生动物资源本来已经匮乏，再经过这么大规模的田猎捕杀，其后果可想而知。

这种奢华的行为自然引起了社会的不满，于是一些思想家开始旗帜鲜明地抨击田猎活动，如《孟子·尽心下》："般乐饮酒，驱骋田猎，后车千乘，我得志弗为也。"这种以游乐消遣为主要目的的田猎活动，孟子认为是不务正业而不屑一顾。《吕氏春秋·贵当》也说："田猎驰骋，弋射走狗，贤者非不为也，为之而智曰得焉。"同样对田猎活动提出了自己的看法。而《孟子》、《吕氏春秋》两书中都包含有大量的生态保护思想，因此这里的反对田猎的思想应该是和其生态环境保护思想一致的。也正是由于战国时期出现了生态资源匮乏的严峻局面，思想家才会表达出这样的思想。

相对于飞鸟野兽等资源的紧张，鱼类的情况要好一些。因为荒地的大量开垦只是导致了林木草丛的破坏，而江河湖海等所受影响相对来说略微小些。因此战国时期鱼类产品还是较为丰富的。《墨子·公输》曰："荆有云梦，犀、兕、麋、鹿满之，江汉之鱼、鳖、鼋、鼍，为天下富。"《荀子·王制》也说："东海则有紫秸鱼盐焉，然而中国可得而食之。"由于陆上野生动物的匮乏，所以鱼类成为人们重要的食物，许多人嗜好吃鱼，如《韩非子·外储说右下》说："公孙仪相鲁而嗜鱼，一国尽买鱼而献之。"

但是由于整个社会生态资源的紧张，吃鱼也不是随心所欲的事情，《战国策·齐策四》记载冯谖刚刚投奔孟尝君时没有得到重用被安排在下等，吃饭时就没有鱼，所以他弹铗长叹："长铗归来乎！食无鱼。"可见当时吃鱼也是要受到限制的。为了满足社会对鱼类的需求，战国时期已经形成了专门的鱼类市场，《庄子·外物》篇有"枯鱼之肆"，《韩非子·外储说左上》也有"郑县人卜子妻之市买鳖"的记载。社会的需求势必会促进对鱼类的捕捞，而鱼类生物也有其客观的生长周期，但是经济利益的诱惑必定会促使人们去大量地捕捞，长此以往，再丰富的鱼类资源也会出现变得紧张起来。这一问题也被当时的思想家所警觉，于是他们纷纷发出了保护鱼类等水生资源的呼声。

二 浩大的营建工程

随着经济发展，社会物质也日益丰富，物质的丰富助长了整个社会的奢侈风气。尤其是上层社会的国君和贵族，他们依靠手中的权力，想方设法占有更多的社会财富，以满足他们的穷奢极欲。

当时所造宫室台榭、陂池苑囿，都追求规模宏大。《礼记·礼器》说："以大为贵者：宫室之量，器皿之度，棺椁之厚，丘封之大，此以大为贵也。"在这种思想的指导下，奢侈之风弥漫整个社会，如《墨子·七患》说统治者："以其极赏，以赐无功，虚其府库，以备车马衣裘奇怪，苦其役徒，以治宫室观乐。"《吕氏春秋·骄恣》说："齐宣王为大室，大益百亩，堂上三百户，以齐之大，具之三年而未能成。"一个宫室，修建了三年都没有完工，足以想见其规模之大，耗材之多。《墨子·辞过》则描述了统治者所营造宫室之奢华和给人民带来的祸害："当今之主，其为宫室，则与此异矣。必厚作敛于百姓，暴夺民衣食之财，以为宫室。台榭曲直之望，青黄刻镂之饰。"

《秦会要订补》卷24则记载："秦穆公居西秦，以境地多良材，始大宫观……是则秦穆公时，秦之宫室已壮大矣。惠文王初都咸阳，取歧、雍巨材，新作宫室，南临渭，北踰泾，至于离宫三百，复起阿房，未成而亡。"《史记·秦始皇本纪》则说秦始皇大兴土木，修建阿房宫："东西五百步，南北五十丈，上可以坐万人，下可以建五丈旗。""作宫阿房，故天下谓之阿房宫。隐宫徒刑者七十余万人，乃分作阿房宫，或作丽山。发北山石椁，乃写蜀、荆地材皆至。关中计宫三百，关外四百余。"营造如此众多规模宏伟的宫室台榭，首先导致林木资源的浪费，严重的直至枯竭。同时，统治者还大量地收罗、霸占飞禽走兽，供自己赏玩，使整个社会生态资源占有不均，相应地也会产生生态问题。

资源的紧张引起了严重的社会问题，《淮南子·主术训》对此做了描述："衰世则不然。一日而有天下之富，处人主之势，则竭百姓之力，以奉耳目之欲，志专在宫室台榭，陂池苑囿，猛兽熊罴，玩好珍怪。是故贫民糟糠不接于口，而虎狼熊罴厌刍豢；百姓短褐不完，而宫室衣锦绣。"这样的后果，只能使阶级矛盾更加尖锐，也使思想家对上层社会的奢侈十分痛恨，如《墨子·辞过》篇说："古之民，未知为宫室时，就陵阜而居，穴而处，下润湿伤民。故圣王作为宫室。为宫室之法，曰室高足以辟润湿，边足以圉风寒，上足以待雪霜雨露。宫墙之高，足以别男女之礼，谨此则止。"

三 厚葬风气的盛行

随着社会经济的发展，战国时期物质较之前代较为丰富，因此厚葬的风气也愈演愈烈，远远超过了春秋时期。厚葬所造成的生态资源浪费较之宫室营建有过之而无不及，巨大的浪费引起了当时很多思想家的不满，提倡节俭的墨子对此进行了大力的抨击。《墨子·节葬下》说：

> 此存乎王公大人有丧者，曰棺椁必重，葬埋必厚，衣衾必多，文绣必繁，丘陇必巨；存乎匹夫贱人死者，殆竭家室；乎诸侯死者，虚车府，然后金玉珠玑比乎身，纶组节约，车马藏乎圹，又必多为屋幕。鼎鼓几梴壶滥，戈剑羽旄齿革，寝而埋之。

如同大力营造宫室房屋一样，厚葬之风同样弥漫在整个社会，从国君贵族到普通百姓，大家都极尽所能，以附奢华，正如《吕氏春秋·安死》篇所言："世之为丘垄也，其高大若山，其树之若林，其设阙庭、为宫室、造宾阼也若都邑。"《吕氏春秋·

节丧》篇则为我们详细记载了厚葬的部分内容，使我们真实地看到了当时社会厚葬的奢靡：

> 国弥大，家弥富，葬弥厚。含珠鳞施，夫玩好货宝，钟鼎壶滥，舆马衣被戈剑，不可胜其数。诸养生之具，无不从者。题凑之室，棺椁数袭，积石积炭，以环其外。

由于社会盛行厚葬，进一步加剧了生态资源匮乏的局面，生态资源严重不足的问题，在战国时期已经成为一个严重的问题，使统治者不得不采取措施，加以限制，《韩非子·内储说上七术》说：

> 齐国好厚葬，布帛尽于衣衾，材木尽于棺椁。桓公患之，以告管仲曰："布帛尽则无以为币，材木尽则无以为守备，而人厚葬不休，禁之奈何？"……于是乃下令曰："棺椁过度者戮其尸，罪夫当丧者。"

说的是由于厚葬之风大行，使齐国出现了林木资源枯竭的严重情况，迫使统治者采取严厉措施，以限制林木资源的浪费。不仅林木资源紧张，其他方面也都出现了问题，所以当时的思想家提出了种种限制，以保护生态资源，如《管子·立政》说："度爵而制服，量禄而用财。饮食有量，衣服有制，宫室有度，六畜人徒有数，舟车陈器有禁。修生则有轩冕、服位、谷禄、田宅之分，死则有棺椁、绞衾、圹垄之度。"可以设想，如果不是出现了生态资源紧张的状况，是没有必要提出以上种种限制的。正是由于社会浪费所造成的生态资源紧张，才促使思想家提出了针对性的主张，使统治者制定了针对性的政策。

这一时期的自然灾害对生态环境的影响并不是太大，根据前引邓云特的统计，公元前 5 到前 3 世纪，共发生灾荒 15 次，而且发生最多的是饥荒，这在很大程度上跟当时的战争有关，因为规模巨大、旷日持久的战争对社会生产造成了极大的破坏。所以这一时期自然灾害对生态环境所造成的影响相比于其他方面就显的小了许多，所以在这里暂且不论。

第五节 社会剧变中的生态环境状况
—— 兼论周代不是生态的"黄金时代"

王子今说："社会生产的发展，往往会打破原有生态条件的自然平衡。许多历史事实告诉我们，人类的活动可以严重影响生态环境。特别是人口的剧增和经济的跃进，可能使得这种影响呈现恶性破坏的形式。"[①] 事实正是如此，战国时期社会生产的迅速发展，导致生态环境问题在各国都不同程度地出现，并产生了很多社会问题，甚至影响了人民的生活。这些问题引起了当时政治家、思想家的重视，尽管他们还没有今天意义上的生态意识，但是他们所提出的理论却和今天我们所倡导的生态环境保护是一致的。他们不仅发表言论批评破坏生态环境的行为，而且从不同角度阐述了其生态环境保护思想，为了引起社会的重视，他们还描述了当时受到破坏的生态环境状况，给我们留下了宝贵的资料和借鉴。综合其言论，战国时期生态环境的破坏主要体现在以下几个方面。

一 生态资源严重匮乏

生态资源的匮乏，是当时各国普遍存在的问题。《战国策·魏三》说受到战争摧残后的魏国："林木伐，麋鹿尽。"《吕氏春秋·贵当》记载在齐国："齐人有好猎者，旷日持久而不得兽。"

[①] 王子今：《秦汉时期生态环境研究》，北京大学出版社 2007 年版，第 2 页。

猎人去打猎，居然找不到猎物，可见动物资源之贫乏。同样的问题在宋国也存在，《墨子·公输》比较了宋国的生态状况：

> 荆有云梦，犀、兕、麋、鹿满之，江汉之鱼、鳖、鼋、鼍，为天下富，宋所为无雉兔狐狸者也，此犹粱肉之与糠糟也；荆有长松、文梓、楩楠、豫章，宋无长木，此犹锦绣之与短褐也。

无论是动物资源还是林木资源，在宋国都十分缺乏。由于宋国生态资源的严重匮乏，所以宋国和楚国相比就成为了"糠糟"和"短褐"，从而成为一个很没有价值的地方。从这里我们可以看出当时对良好生态环境的重视程度。

在齐国，林木资源也遭到严重破坏，据《列子·力命篇》记载："齐景公游于牛山，北临其国城而流涕曰：'美哉国乎！郁郁芊芊，若何滴滴去此国而死乎？使古无死者，寡人将去斯而之何？'"说明在春秋时期，临淄郊外的牛山还是草木旺盛、郁郁葱葱，以致使齐景公因喜欢美好的生态环境而不想死去，甚至流下了留恋生命的眼泪。但是到了战国时期，牛山的面貌彻底改变了，《孟子·告子上》记载孟子言曰：

> 牛山之木尝美矣，以其郊于大国也，斧斤伐之，可以为美乎？是其日夜之所息，雨露之所润，非无萌蘖之生焉，牛羊又从而牧之，是以若彼濯濯也。人见其濯濯也，以为未尝有材焉。

由于离国都太近，加上都城里的人口众多，所以牛山的林木遭到了无休止的砍伐以满足人们的需要，于是昔日山林茂密的牛山成为了一座秃山。如果遇到下雨，必定会导致水土流失，使生态环境进一步恶化。

二 生活条件恶劣

生态环境破坏严重,导致战国时期出现了严重的生态问题,并影响到了人们的生活。据《商君书·徕民》记载三晋地区"彼土狭而民众,其宅参居而并处……民上无通名,下无田宅,而恃奸务末作以处。人之复阴阳泽水者过半,此其土之不足以生其民"。说的是由于人口增长过快,在三晋地区出现了人多地狭,人们居住紧张,两三家住一个院子,有的人甚至没有住处的情况。他们被迫生活在山谷河道等潮湿寒冷的地方,居住条件十分恶劣。

还有很多文献记载反映了三晋地区的生态条件之恶劣,《战国策·魏三》说在魏国"庐田庑舍,曾无刍牧牛马之地"。由于人口太多,很多地方都被迫用来盖房子,连放牧牛马的草地都没有了。《战国策·韩一》记载韩国:"韩地险恶,山居,五谷所生,非麦而豆;民之所食,大抵豆饭藿羹;一岁不收,民不厌糟糠;不满九百里,无二岁之所食。"由于自然条件恶劣,百姓吃饭问题都不能保证,其生活之艰辛,可想而知。

战国时期浩大的营建工程,也改变了生态环境,使人民生活受到影响。《管子·八观》篇说:"夫国城大而田野浅狭者,其野不足以养其民。"由于城市太大,建筑太多,导致生态野地范围变小,自然环境所产出的粮食、野生动植物资源等,已不能保证人们最基本的生活。

三 对前代美好生态环境的怀念

思想家们在慨叹战国时期生态环境日益恶化的同时,不由自主地追忆起前世美好的生态环境,以表达他们对当时生态环境遭到严重毁坏的痛惜之情。《孟子·滕文公上》:"当尧之时,天下犹未平，洪水横流，泛滥于天下，草木畅茂，禽兽繁殖，五谷不登，禽兽逼人，兽蹄鸟迹之道交于中国。"虽然孟子未必留恋这种原始的生态状况，但至少说明他是了解前代的生态环境的。也正因为他了解过去的生态环境，所以他才会对遭到破坏的牛山大为惋惜。也正因为如此，孟子才极力反对战争，反对过度开垦荒地，《孟子·离娄上》："故善战者服上刑，连诸侯者次之，辟草莱、任土地者次之。""城郭不完，兵甲不多，非国之灾也；田野不辟，货财不聚，非国之害也。"反映了他对战争、垦荒等现象的痛恨，尽管其思想有一定的消极因素，但对于保护生态环境却有着积极意义。

《庄子·马蹄》篇为我们描述了上古人与自然和谐相处的情况："至德之世……万物群生，连属其乡，禽兽成群，草木遂长。故其禽兽可系羁而游，鸟鹊之巢可攀援而窥。……夫至德之世，与禽兽居，族与万物并。"《韩非子·五蠹》则说："上古之世，人民少而禽兽众。"由于生态资源的充足，所以上古之世"丈夫不耕，草木之食足食也，妇人不织，禽兽之皮足衣也"。这种美好的生态环境，正是人类所渴望的。

但是这种在生态资源过剩状况下悠然自得的生活在战国时期是绝对不可能享受了，因为战国时期"人民众而货财寡，事力劳而供养薄，故民争"。因为生态资源的不足，战乱纷争才屡屡发生。也是因为生态资源的缺乏，当时的思想家才大力提倡节俭，并且以"先王"、"圣王"为楷模来号召全社会的人们：

> 古者圣王制为节用之法，曰："凡天下群百工，轮、车、鞼、鲍、陶、冶、梓、匠，使各从事其所能。"曰："凡足以奉给民用，则止。"诸加费不加于民利者，圣王弗为。古者圣王制为饮食之法，曰："足以充虚继气，强股肱，耳目聪明，则止。"不极五味之调、芬香之和，不致远国珍怪异物。（《墨

子·节用中》）

昔先圣王之为苑囿园池也，足以观望劳形而已矣；其为宫室台榭也，足以辟燥湿而已矣；其为舆马衣裘也，足以逸身暖骸而已矣；其为饮食酏醴也，足以适味充虚而已矣；其为声色音乐也，足以安性自娱而已矣。（《吕氏春秋·重己》）

他们认为，上古的生态环境之所以保持良好，就在于先王、圣王能够合理地利用生态资源。这正是战国时期的国君、贵族们需要学习的。从这里我们也能够从另一个侧面看出战国时期确实出现了严重的生态问题，战国时期的生态环境已经严重恶化，这是个不可否认的事实。

但是需要注意的是，我们不能因此就过度夸大战国时期生态环境破坏的程度，如《荀子·强国》篇记载，荀子到秦国去，看到秦国的生态环境保持较好："山林川谷美，天材之利多。"《史记·货殖列传》则记载："楚越之地，地广人稀，饭稻羹鱼，或火耕而水耨，果蓏蠃蛤，不待贾而足。"但是我们还要考虑到，受当时大气候的影响，各国都在发展经济、富国强兵，相互征战，各国生态环境必定都会受到破坏，这是在所难免的。只是秦国和楚国地理位置相对偏僻，受到破坏的程度较之中原地区相对轻些而已。这是我们在研究中必须保持的一个客观态度。

四 对周代是生态"黄金时代"之质疑

在目前关于古代生态环境的研究中存在一个误区，即认为周代是生态的"黄金时代"，而且在学术界得到了很多学者的赞同。结合本章所述，我们可以看到，这种说法不尽全面，也不够客观。

较早明确提出周代是生态"黄金时代"这一观点的是袁清林，他说："周代在我国环境史上是一个极其重要的朝代。周代普遍建立了相当完善的保护生物资源的体制,制定过法令并较为普遍地得到贯彻执行,因此才使周代在发展生产的同时,较好地保护了自然环境和自然资源,不愧为'黄金时代'的称号。"①

李清林的观点提出之后,很快就得到了许多学者的响应,如前国家环保总局局长曲格平,很快也在其著作中提出了先秦时期是生态环境的"黄金时代"的观点,② 也许是受他们影响,很多学者也都持相同观点,如段昌群也认为:"在夏、商、周时期,黄河中下游平原地区的森林覆盖率超过50%,生态环境良好。"③然而由于缺乏文字资料记载,仅凭有限的考古资料,我们还不能做出夏商时期的生态环境状况良好的结论,这样的结论显然是没有说服力的。

朱松美对周代的生态环境保护进行研究之后,也赞同周代是生态保护的"黄金时代"的结论,④ 可见,周代是生态环境的"黄金时代"这一观点在学术界影响还是很大的。

那么事实是这样吗?本章上述文字已经对战国时期的生态环境状况进行了仔细探讨,清楚地看到了战国时期的生态环境状况是绝对无法和"黄金时代"相提并论的。

但是为什么却有这么多的学者居然认为周代是生态环境的"黄金时代"呢?我想问题的产生不在于他们对材料的掌握不足,而在于他们的某种心态,这种心态大概正如葛兆光所说那样:"在'三十年河东,三十年河西'的企盼中,人们发现了重新辉煌东方文化的希望。于是,在西方思想世界所谓'人类'

---

① 袁清林:《中国环境保护史话》,中国环境科学出版社1990年版,第23页。
② 曲格平、李金昌:《中国人口与环境》,中国环境科学出版社1992年版,第8页。
③ 段昌群:《人类活动对生态环境的影响与古代中国文明中心的迁移》,《思想战线》1996年第4期。
④ 朱松美:《周代的生态保护及其启示》,《济南大学学报》2002年第2期。

与'自然'的分裂、科学技术使人类总是希望'征服'自然等等西方人自己总结出来的哲理背景下,东方人把'天人合一'从传统的文献中寻找出来,作为下一世纪将是东方文化的时代的证据。"① 虽然这些学者的出发点是好的,这有助于弘扬中国传统思想文化,有助于提高民族自尊心等。但是有一点我们却不能忘记,历史学也是一门科学,对待科学,我们必须持客观的态度,而不能感情用事。既不能妄自菲薄,也不能自高自大。只有这样,我们才能真正地弘扬传统文化,才能使之能够在人类文化的大花园里永远地绽放光彩。

---

① 葛兆光:《中国思想史》(第2卷),复旦大学出版社2001年版,第48页。

第 六 章

蔚然成风的生态环境保护思想

战国时代出现了百家争鸣的局面，这一局面的形成与当时的社会变革密切相关。在激烈的社会变革中，旧有的宗法制度、等级制度被抛弃，人们从沉重的束缚中解脱出来，思想得到了极大的解放，参与政治、抨击时弊不再被认为是"肉食者"的事情。同时，战国诸侯兼并的残酷现实，迫使统治者广开言路、招纳贤才。兼并战争打破了国与国之间的界限，方便了文化的传播。列国并存，政治分裂，没有统一的意识形态，思想环境较为宽松，使思想家有了更多的自由思想的机会。由于观察问题角度以及政治立场的不同，形成了诸多思想流派。各派纷纷著书立说，阐述己见，互相诘难，争论不休，从而形成了"百家争鸣"的局面。然而令人惊奇的是，虽然这些学派的思想大相径庭，但是他们却不约而同地提出了保护生态环境的主张，可见生态环境问题是当时社会普遍关注的问题之一。这一时期的生态保护思想，既是当时思想家对以往生态思想的继承和发扬，还包含了他们对人和自然关系探索的新成果。由于流派众多，所以这一时期的生态思想又是零散和片面的，战国末期思想家的总结工作，使之更加系统和完善。

第一节 诸子关于"天人关系"探讨的新成就

始于西周的"天人关系"问题探讨，到了战国时期有了进一步的发展。随着经济的发展，社会的进步，战国时期的思想家对天人关系有了更加清晰的认识，他们更加迫切地需要给天人关系找出一个令世人满意的答案，以光大他们的学说。于是，他们从不同的角度对天人关系进行了深入的研究，使"天人关系"问题成为当时各个学派争论的焦点问题之一。

一 "我为天之所欲，天亦为我之所欲"：墨子的天人观

墨子名翟，战国初期著名思想家，墨家学派创始人。墨家学派在战国时期与儒家学说并称"显学"，在当时社会有很大影响。作为墨家鼻祖，墨子顺应当时社会思想意识发展的趋势，对天人关系进行了深入的研究。

在墨子看来，"天"是万事万物的主宰，是全知全能、无所不在的。《墨子·天志下》道："今人皆处天下而事天，得罪于天，将无所以避逃之者矣。"由于整个天下都是"天"掌管的范围，所以如果得罪了"天"，那就再也无处藏身了，因此，人们要遵从上天的旨意，不能违背。因为天是万事万物的主宰，所以天对人的行为是能够赏赐和惩罚的，连统治者也不能例外，《墨子·天志中》说："天子为善，天能赏之。天子为暴，天能罚之。"

同时，他还指出，天是有意志的，因此人要尊敬上天，这样才能处理好天人关系，人尊重了上天，上天也就会尊重人类，正如《墨子·天志上》曰：

> 然而天下之士君子之于天也，忽然不知以相儆戒，此我所以知天下士君子知小而不知大也。然则天亦何欲何恶？天欲义而恶不义。然则率天下之百姓以从事于义，则我乃为天之所欲也。我为天之所欲，天亦为我之所欲。

墨子认为，天对人类是十分钟爱的，人类生活于自然界之中，人类在自然界所享受到的一切，都是上天对人类的恩赐，《天志中》说：

> 且吾知所以知天之爱民之厚者有矣，曰：以磨为日月星辰，以昭道之；制为四时春秋冬夏，以纲纪之；雷降雪霜雨露，以长遂五谷麻丝，使民得而财利之；列为山川谿谷，播赋百事，以临司民之善否；为王公侯伯，使之赏贤而罚暴；贼金木鸟兽，从事乎五谷麻丝，以为民衣食之财。

既然如此，人类就要正确对待天的恩赐，合理利用这些自然资源。只有这样，才能保证人类的幸福生活，这也是世界上每一个人所渴望的。但是要想拥有这样的生活，就必须尊重自然，尊重上天，对天的尊重，甚至要超过对天子的尊重，因为连天子也是要服从上天的。如果只服从天子而不尊重自然，那么必定会遭到自然的惩罚。正如《尚同中》所说："既尚同乎天子，而未上同乎天者，则天灾将犹未止也。故当若天降寒热不节，雪霜雨露不时，五谷不孰，六畜不遂，疾灾戾疫，飘风苦雨，荐臻而至者，此天之罚也。"

这些自然灾害的发生，都是因为没有尊重上天，没有遵从自然规律。因此，对于人类来说，生活在大自然之中，服从自然是首要的，服从统治者是次要的。尤其是当统治者做了违背自然规律的事情时，大家依然服从他，必定会遭到大自然的惩罚。上天对人的赏罚完全看人是否服从了天的意愿，如果顺从了天的意愿，那么就会得到奖赏，否则，惩罚就会接踵而至。

为了避免遭到上天的惩罚，保持和天的一致是很有必要的，因为天是公道无私的，正如《墨子·法仪》所言："莫若法天。天之行广而无私，其施厚而不德，其明久而不衰，故圣王法之。既以天为法，动作有为必度于天，天之所欲则为之，天所不欲则止。"只有按照自然规律行事，才能实现天人一致，人类才能长久存在。

从以上可以看出，墨子的天人观，并不是一味强调人类对上天的无条件服从，而是要尊重上天，不做有违自然规律的事情，以免受到大自然的惩罚。正如《天志中》所说："天之意，不可不顺也。"也就是要求人类顺从大自然。

作为墨家学派的创始人，墨子对天人关系进行了深入的研究，并得出了很有科学根据的结论，但其探讨目的不仅仅限于揭示大自然的奥秘，他更深层次的用意在于通过探讨自然，探讨天意，将天意与现实社会紧密联系起来。如《天志中》说："天之意，不欲大国之攻小国也，大家之乱小家也。"就是针对当时频繁发生的战争而说的，天是反对战争的，因为战争会给人类社会带来很多灾难，会给自然环境造成很大的破坏，《非攻下》说：

今王公大人、天下之诸侯则不然，将必皆差论其爪牙之士，皆列其舟车之卒伍，于此为坚甲利兵，以往攻伐无罪之国。入其国家边境，芟刈其禾稼，斩其树木，堕其城郭，以湮其沟池，攘杀其牲牷，燔溃其祖庙。

这些破坏生态环境的现象显然严重违背了天意，是要受到惩罚的。要避免惩罚，就要停止战争，减轻战争对生态环境的破坏，以天作为依托，墨子大力探讨了其"兼爱"、"非攻"思想。虽然如此，墨子对自然的探讨，对人与自然关系的阐述还是值得肯定的。在这一理论基础上，墨子还提出节用、节葬等主张，以反对对自然资源的无限制掠夺。

古者圣王制为节用之法，曰："凡天下群百工，轮、车、鞼、鲍、陶、冶、梓、匠,使各从事其所能。"曰:"凡足以奉给民用,则止。"诸加费不加于民利者,圣王弗为。古者圣王制为饮食之法,曰:"足以充虚继气,强股肱,耳目聪明,则止。"不极无味之调、芬香之和,不致远国珍怪异物。(《节用中》)

此存乎王公大人有丧者,曰棺椁必重,葬埋必厚,衣衾必多,文绣必繁,丘陇必巨。存乎匹夫贱人死者,殆竭家室。乎诸侯死者,虚车府,然后金玉珠玑比乎身,纶组节约,车马藏乎圹,又必多为屋幕、鼎鼓、几梴、壶滥、戈剑、羽旄、齿革,寝而埋之。(《节葬下》)

"节用"、"节葬"等思想都强调对自然资源的爱惜,反对对自然资源的过度掠夺,大力批判了当时社会对生态资源的过度掠夺和挥霍,具有明显的生态环境保护意旨,这是我们今天要深入研究并继承和发扬的。

二 "存其心,养其性,所以事天也":孟子对天人关系的探讨

孟子名轲,战国中期著名思想家,儒家学派的杰出代表。孟子继承了孔子的天命观,承认了"天"即自然的存在,并且认识到天是不可抗拒的,《孟子·离娄上》说:"顺天者昌,逆天者亡。"要求人们的行为必须顺从自然,而不能违背自然,如果违背了自然,就是自取灭亡。所以,孟子认为世上的一切都是由天来决定的。

虽然天命不可违,但是天是有规律可循的,《万章上》说:"天不言,以行与事示之而已矣。"就是说,天把它的喜好,通过一些自然现象表露出来,使人们能够觉察到,以和天保持一致。为了便于人们认识天,孟子赋予了它道德属性,《离娄上》

说:"是故诚者,天之道也;思诚者,人之道也。"天具有诚实的道德品质,追求诚实则是人的努力方向。天之道是"诚",诚是善的,因此天道是善。而"思诚"则是"人之道",所谓"思诚",就是人善性的表现。所以,人的性善就是天道的表现,人性就和天道互为体现,也就实现了天人合一。

那么怎样才能做到天人合一呢?《尽心上》说:"尽其心者,知其性也,知其性,则知天矣。存其心,养其性,所以事天也。"在孟子看来,人的心、性和天是统一的,所以他说:"知其性,则知天矣。"而"事天"之道,就是"存心"、"养性"以待天命,这就是人对于天的态度,即尊重大自然,按照自然规律办事。这一理论在孟子思想中的具体体现就是《梁惠王上》所说:

> 不违农时,谷不可胜食也。数罟不入洿池,鱼鳖不可胜食也。斧斤以时入山林,材木不可胜用也。谷与鱼鳖不可胜食,材木不可胜用,是使民养生丧死无憾也。养生丧死无憾,王道之始也。五亩之宅,树之以桑,五十者可以衣帛矣。鸡豚狗彘之畜,无失其时,七十者可以食肉矣。百亩之田,勿夺其时,数口之家可以无饥矣。

正是由于人们按照自然规律办事,使整个社会生态资源充裕,人民生活富足,这种理想中的美好生态环境,正是通过保持人和天的一致而实现的,也是孟子"天人合一"思想的最好体现。

三 "人与天一也":庄子的"天人合一"思想

庄子名周,战国时期道家学派代表人物。

庄子继承和发展了老子道生万物的基本观点,《庄子·大宗师》曰:"夫道,有情有信,无为无形,可传而不可受,可得而不可见，自本自根，未有天地，自古以固存。神鬼神帝，生天生地；在太极之先而不为高，在六极之下而不为深，先天地生而不为久，长于上古而不为老。"道是宇宙万物产生的本原，它是客观的，先于天地而存在的。

庄子也很重视气，《庄子·知北游》篇说："通天下一气耳。"认为人与天地自然都是由气构成，而人是自然的一部分，因此人与天是统一的。所以在《齐物论》里他提出了"天地与我并生，而万物与我为一"的著名论点，《山木》篇更是提出"人与天一也"的观点，认为天地万物都是平等的，是和谐统一的，充分反映了庄子在天人关系探讨方面达到的高度。对此，著名学者钱穆给予了很高的评价，他说：

> 故就庄子思想言之，人在天之中，而同时天亦在人之中。以之较儒墨两家，若庄周始是把人的地位降低了，因其开始把人的地位与其他万物拉平在一线上，作同等之观察与衡量也。然若从另一角度言，亦可谓至庄周而始把人的地位更提高了，因照庄周意，天即在人生界之中，更不在人生界之上也。故就庄周思想体系言，固不见有人与物这高下判别，乃亦无天与人之高下划分。①

因为人和自然是统一的，所以要保持人与自然的和谐，就要尊重自然、顺从自然，《秋水》篇说："无以人灭天，无以故灭命。"突出强调人不要为了自身的利益而人为地改造自然、破坏自然。但是这种理想在庄子生活的时代是不可能实现的，经济的发展和战争的破坏都使他所生活时代的生态环境遭受了严重毁

---

① 钱穆：《庄老通辨》，生活·读书·新知三联书店 2002 年版，第 118—119 页。

坏，理想和现实的矛盾使庄子十分向往远古社会人与自然和谐统一的生活。在《马蹄》篇里，他为我们描绘了他理想中的生态环境："至德之世……万物群生，连属其乡，禽兽成群，草木遂长。故其禽兽可系羁而游，鸟鹊之巢可攀援而窥。夫至德之世，同与禽兽居，族与万物并。"《缮性》篇也说："古之人，在混芒之中，与一世而得淡漠焉。当是时也，阴阳和静，鬼神不扰，四时得节，万物不伤，群生不夭。人虽有知，无所用之，此之谓至一。"这种人与自然和谐共处，相安无事的社会状况，正是他所渴求的。在这样的社会里，人与自然各得其乐，人不会去破坏生态环境，生态环境就给人提供一个悠然自得的生活场所。

出于对当时社会战争频繁，社会动荡，人民多灾多难等现象的强烈不满，庄子梦想回到那种原始的社会状态去，这种思想显现是消极的，是不可取的。但是他提出的人和自然在本质上是统一的观点，却有着其深刻的合理性。庄子比较明确地提出了"天人合一"的观点，标志着开始于西周的对天人关系的探讨到了战国中后期取得了极大的进展。

从以上我们可以看出，墨子、孟子、庄子三人及其为代表的学派的"天人合一"思想中都含有丰富的生态环境保护内容。思想是社会的一面镜子，从这面镜子中我们可以看到战国时期的生态环境遭到了严重的毁坏，问题的严重性使肩负使命感的思想家进行了深刻的反思，不同的出发点使他们找到了不同的解决方式，但是他们寻求答案的出发点却是一致的，即都是从"天人合一"这一主题出发，围绕着这个主题，把它和本学派的学说有机地结合起来，不仅使天人合一的思想内容更加丰富，同时也极大地完善了各个学派的学说，使之更全面，更具影响力。

我们也应看到，"天人合一"虽然反映出了古代思想家对自然规律的认识，但由于受社会发展水平的限制，他们在自然面前大多是束手无策的，因此才过多地强调人对于自然的遵循和顺从,而抑制了人在自然面前的主观能动性,这是其不足之处。

四 "明于天人之分":荀子对天人关系的客观分析

荀子名况,字卿,战国末期赵国人,他生活的时代百家争鸣已经接近尾声。诸子学派的激烈论争,极大地丰富了人们的思想世界,同时开阔了人们的眼界。而诸子百家的学说又都能在思想界占有一席之地,说明它们自有其合理之处。在长期的兼并战争中,各种思想得以相互交流、相互渗透。

战国后期,随着各国实力在长期战争中的此消彼长,政治上的统一趋势日益明显,为了适应政治发展的需要,思想界也开始出现了合流的倾向。一些高明的思想家兼采众家之长,形成了自己的学说,而荀子就是其中的佼佼者。侯外庐先生说:"《荀子》书中原于儒于墨于老者,的可指出。……故荀子综合诸家之思想,当无可否认。"他还说道:"春秋战国以来中国哲学中的积极要素,大都在荀子的哲学体系中获得了较高级形态的发展。"① 事实正是如此,"荀子一方面继承了老子及其后学坚持的天道自然无为的传统,又避免了他们忽视人的主观能力的缺点;他批判了孟子等人的观点,又批判地吸取了他们重视人的主观能动作用的积极因素。在承认客观规律的前期下,提出了人定胜天的思想。……因此荀子的哲学体系达到了先秦哲学的最高峰"。②

通过对先秦诸子思想的批判吸收,荀子创立了其博大精深的学说体系,并且对其后的学术思想产生了深远的影响,正如谭嗣同所说:"两千年来之学,荀学也。"③ 由此可见荀子在中国古代思想史上的地位。荀子学说内容丰富,无所不包,其中自然也涉

---

① 侯外庐:《中国古代思想学说史》,辽宁教育出版社1998年版,第230页。
② 任继愈:《中国哲学史》(第1册),人民出版社1979年版,第111页。
③ 谭嗣同:《谭嗣同全集》,中华书局1981年版,第54页。

及了春秋战国时期的一个焦点话题——天人关系。和当时其他思想家所不同的是，荀子旗帜鲜明地提出了"天人相分"的理论学说。

荀子的天人学说既吸收了老庄学派天道自然无为的思想，同时还吸收了孔子、孟子和墨子等思想中重视人事的内容，并剔除了其中的消极因素，批判了"天命"、"天志"等神秘主义思想。老庄学派虽然提出了物质性的"道"，但他们在自然与人即天人关系上却完全排斥了人的主观能动作用。荀子对此进行了批判，如《荀子·天论》说"错人而思天，则失万物之情"，指出如果只考虑到天，而忽视人的主观能动性，就无法了解万物的真实情况；针对孔子、孟子以"天命"、墨子以"天志"来宣传天有意志，天能主宰人间万事。荀子同样给予了批判，《荣辱》篇说"知命者不怨天"，就是说天道与人事两不相干，天是无意志的。

为了进一步打破长期以来天的神秘色彩，荀子还把"天"即自然界和人区别开来，《天论》开篇即说：

> 天行有常，不为尧存，不为桀亡。应之以治则吉，应之以乱则凶。强本而节用，则天不能贫，养备而动时，则天不能病；修道而不贰，则天不能祸。故水旱不能使之饥渴，寒暑不能使之疾，袄怪不能使之凶。本荒而用侈，则天不能使之富；养略而动罕，则天不能使之全；倍道而妄行，则天不能使之吉。故水旱未至而饥，寒暑未薄而疾，袄怪未至而凶。受时与治世同而殃祸与治世异，不可以怨天，其道然也。故明于天人之分，则可谓至人矣。

意思是说，自然界有其客观的运行规律，它不以任何人的意志为转移。人类的吉凶祸福，都和人类自身的活动有直接的关系。如果人类遵循自然规律，按照自然规律办事，就能免遭祸事；如果不尊重客观规律，违背了客观规律行事，过度地开发掠夺自然资源，必定要遭到报应。在这里，荀子首次明确强调了把自然和人区别开来的重要性。使人类终于摆脱了上天的压制，对于自然有了一个全新的认识和觉醒。

虽然自然界是客观存在的，且不以人的意志为转移，但是人在自然界面前并不是无能为力、束手无策的，对此，荀子创造性地提出了自己的观点。《天论》篇说："星坠、木鸣，国人皆恐。曰：是何也？曰：无何也，是天地之变，阴阳之化，物之罕至者也。怪之可也；而畏之非也。"因为这些现象都是正常的自然现象，所以没有什么好怕的。人不仅不应该为之恐慌，还可以去努力改变自然，接着，荀子提出了他光辉的"制天命而用之"的人定胜天思想，《天论》说：

> 大天而思之，孰与物畜而制之？从天而颂之，孰与制天命而用之？望时而待之，孰与应时而使之？因物而多之，孰与骋能而化之？

意思是崇尚天而想得到它的恩赐，不如像养生畜那样来控制它；跟从天而歌颂它，不如掌握自然规律来利用它。这种人定胜天的思想，是春秋以来进步思想家学说的总结和发展。这类思想，可以说是新兴阶级在生产力发展、科学技术提高条件下的一种新生的进步思想。新兴阶级固然多主张唯物论，但如果没有生产力发展、科学技术提高的条件，他们是不能打破宗教迷信的。

虽然荀子提出了人定胜天的思想，但是他并没有主张人对自然界为所欲为，而是建议人和自然要互相配合，《天论》篇说："天有其时，地有其财，人有其治，夫是之谓能参。"《富国》篇也说："上得天时，下得地利，中得人和，则财货浑浑如泉涌，汸汸如河海，暴暴如丘山。"都是主张在认识、尊重自然的基础上，充分发挥人的能动性。

荀子所提倡的"天人相分"说，并不是要人与自然彻底地分离，他只是在当时人尚未从自然的附属地位摆脱出来的情况下，大胆地强调人的主观能动性，使人从自然的束缚中解脱出来，回过头来更加清楚地认识自然，了解自然，改造自然，从而与自然和谐相处。有人根据荀子提出了"人定胜天"的理论，就指责说他是在提倡"人类中心主义"，这种看法是极为不客观的。

总之，在战国时期对天人关系的探讨中出现的"天人合一"和"天人相分"两大学说，从表面看好像是截然相背、水火难容。但是，如果我们仔细研究，就能发现它们彼此之间还是存在着密切联系的。无论如何，"天人相分"是在"天人合一"的基础上发展而成的。"天人合一与天人相分是互为条件的，天人合一的前提必然是天与人实际上有所不同，故要以合一的观点来看待。人与自然本来既有合的一面，又有分的一面，天人合一与天人相分是统一的。"[①] 尽管它们所主张的天人关系有所不同，但是这种不同主要表现在对自然的态度上。不论是顺从自然还是征服自然，其结果最终都是在尊重自然的基础上与大自然和谐相处，从而构造一个美好的生态环境。

第二节　诸子的生态环境保护思想

每一种思想都有其产生的深刻背景，战国时期生态环境保护思想的蔚然成风，正是源于当时生态环境问题的日益严重。正如葛兆光所说："一种有活力的思想，又必须能够对各种社会问题

[①] 吴宁：《论"天人合一"的生态伦理意蕴及其得失》，《自然辩证法研究》1999 年第 12 期。

给予深刻的诊断,虽然它不能成为真的手术刀解剖社会肌体,挖掉社会的病灶,但可以提出可供选择的、有针对性的批评,通过尖锐的批评使人们思考。因为社会总是处在一种病症与另一种病症此起彼伏的状态中,这个时代的知识、思想与信仰世界,应该对此有所诊断与批评。"①思想家首先对社会问题进行仔细的观察和深刻的思考,然后给予能够振聋发聩的批评。战国时期生态环境保护思想之所以蔚然成风,就是当时思想家针对严重生态环境问题有的放矢的结果。

同任何时代的思想家一样,战国的思想家在发现问题以后,也要去寻求解决问题的方法。于是,前代社会思想家所提出的解决同类问题的主张,就很容易被他们所接受。春秋时期的思想家、政治家针对当时初露端倪的生态问题提出的以时禁发、取之有度等对策,在战国时期依然有很强的现实意义,于是这些思想被战国时期的思想家继承下来,并根据现实情况进行了充实,使之更加全面、更加完善。他们的生态环境保护思想,主要体现在以下几个方面。

一 尊重、善待自然万物

(一) 尊重自然、善待自然

战国时代思想家在吸收前人思想的基础上,加上自己长期的探索,认识到自然界有其客观规律,它不以人的意志为转移,《荀子·天论》篇曰:"天不为人之恶寒也辍冬,地不为人之恶辽远也辍广,君子不为小人匈匈也辍行。天有常道矣,地有常数矣。"这里的天包括自然界,也包括自然界的万物,它们都有自身的生长、活动规律。

---

① 葛兆光:《中国思想史》(第2卷),复旦大学出版社2001年版,第28页。

自然界的万物都按照自身的规律存在和发展着，人不仅要尊重自然规律，而且不能违背自然规律，人和其他动植物的生长都离不开自然界，《荀子·天论》篇说："列星随旋，日月递炤，四时代御，阴阳大化，风雨博施，万物各得其和以生，各得其养以成，不见其事而见其功，夫是之谓神。皆知其所以成，莫知其无形，夫是之谓天。"正是由于日月的交替运行，产生了四季，产生了阴阳，并形成了风雨等，它们相互作用，滋养了自然界的万物。如果离开了自然界，则万物的生长难以维持，正如《孟子·告子上》曰："故苟得其养，无物不长；苟失其养，无物不消。"《庄子·在宥》篇也说："乱天之径，逆物之情，玄天弗成。"违背了自然规律，违背了天，连天都无法挽救。

由于自然万物都按照自身规律存在并发展变化着，而且它不以人的意志为转移，因此，人类要善待自然，而不能好大喜功，破坏自然，《庄子·在宥》篇专门举了一个例子来说明这个问题：

> 黄帝立为天子十九年，令行天下，闻广成子在于空同之上，故往见之曰："我闻吾子达于至道，敢问至道之精。吾欲取天地之精，以佐五谷，以养民人。吾又欲官阴阳，以遂群生，为之奈何？"广成子曰："而所欲问者，物之质也。而所欲官者，物之残也。自而治天下，云气不待族而雨，草木不待黄而落，日月之光益以荒矣。"

黄帝为了给人民带来益处，急于向自然索取，遭到了广成子的批评。充分反映了庄子对待自然之温和态度，其思想也得到了国外学者的赞扬，英国科学家尼德海姆说："当今人类所了解的有关土壤保护、自然保护的知识和人类拥有一切关于自然和应用科学之间的正确关系的经验，都包含在《庄子》的这个章节

(即《庄子·在宥》篇）中，这一章，和庄子所些的其他文字一样，看起来是如此深刻、如此富有预见性。"①

(二) 物从其类、和平相处

由于对自然规律有了充分的认识，所以对自然界也就是生态环境中的各种生物的关系也有了成熟的看法，对此，荀子做了详细阐述：

> 川渊深而鱼鳖归之，山林茂而禽兽归之……川渊者，龙鱼之居也；山林者，鸟兽之居也；国家者，士民之居也。川渊枯则龙鱼去之，山林险则鸟兽去之，国家失政则士民去之。(《致士》)
>
> 草木畴生，禽兽群焉，物各从其类也。是故质的张而弓矢至焉，林木茂而斧斤至焉，树成荫而众鸟息焉。……积土成山，风雨兴焉；积水成渊，蛟龙生焉。(《劝学》)

这种互相依赖、和平共处的生态环境是不能受到破坏的，如果人为地破坏了这种生态环境，就可能导致生态环境的失衡，如上述荀子所说龙鱼与川渊的关系、鸟兽和山林的关系。战国时期，生态圈内的这种关系已经应该广为人知，如《战国策·赵四》记载当时人谅毅曰："臣闻之：'有覆巢毁卵，而凤凰不翔；刳胎焚夭，而麒麟不至。'"这显然是前世思想家阐述过的理论，但是能被战国时期一个普通人所引用，至少反映了其对生态环境的关注。

既然人和其他万物都同属于自然界，都依靠自然的恩赐而存在，那么相互之间也都是平等的，所以《庄子·天下》篇提出：

---

① 鲁枢元：《自然与人文》，学林出版社2006年版，第600页。

"泛爱万物，天地一体也。"就是要平等地对待自然界中的其他生物，在《马蹄》篇里，他为我们描绘了他理想中的生态环境："万物群生，连属其乡，禽兽成群，草木遂长。故其禽兽可系羁而游，鸟鹊之巢可攀援而窥。夫至德之世，同与禽兽居，族与万物并。"人和鸟兽相安无事，亲密无间，共享自然，这是一幅多么美妙的生态画面！

（三）创造良好生态环境

自然养育了人类，人类的存亡和自然环境息息相关，所以，保持良好的生态环境对于人类社会来说是非常重要的，如果不能维持良好的生态环境，保持生态的平衡，其后果是很严重的，《荀子·富国》篇说："伐其本，竭其源，而并之其末，然而主相不知恶也，则其倾覆灭亡可立而待也。"

那么，如何创造和保持良好的生态环境呢？

《荀子·富国》篇又说："上得天时，下得地利，中得人和，则财货浑浑如泉涌；汸汸如河海，暴暴如丘山。"就是既要尊重上天，又要尊重自然，人也要合理利用，能做到这些，就能保证生态资源永不匮乏，就能保持一个良好的生态环境，正如《富国》篇所描写的那样："今是土之生五谷也，人善治之则亩数盆，一岁而再获之，然后瓜桃枣李一本数以盆鼓，然后荤菜百蔬以泽量，然后六畜禽兽一而剸车，鼋鼍、鱼鳖、鳅鳣以时别，一而成群，然后飞鸟凫雁若烟海，然后昆虫万物主其间，可以相食养者不可胜数也。夫天地之生万物也，固有余足以食人矣；麻葛、茧丝、鸟兽之羽毛齿革也，固有余足以衣人矣。"这种美好的生态环境正是天人关系的理想境界。

二 以时禁发

"以时禁发"就是要求人们要适时地捕杀动物，砍伐林木，为人类的生存和生活提供资源。春秋时期的"以时禁发"思想源于当时思想家对自然和人关系认识的深化,在这个深化过程中,他们开始关注动植物生态资源,并发现了它们的生长规律,因而提出了这个主张。前人的思想得到了战国时期思想家的认可,并成为他们解决战国生态环境问题的良方而被大加阐述。因此,到了战国时期,"以时禁发"保护生态环境的思想表现得更为全面和广泛,思想家们纷纷阐述了自己的观点。

《韩非子·功名》篇说:"非天时,虽十尧不能冬生一穗……故得天时则不务而自生。"这是对以时禁发思想最为简明也最为准确的解释,为什么要以时呢?就是因为万物都有其固定的生长规律和周期,如果违背了其规律,就会导致它们不生长或者减少甚至灭绝。但是人类社会要发展,在当时社会条件下,就不得不利用生态资源,如何正确处理这个矛盾呢?思想家们经过反复考虑,发现前人留下的"以时禁发"思想就是最好的办法之一,因此,战国思想家关于这方面的论述内容也十分丰富。下面一一列举:

  獭祭鱼,然后虞人入泽梁。豺祭兽,然后田猎,鸠化为鹰,然后设罻罗。草木零落,然后入山林。昆虫未蛰,不以火田。(《礼记·王制》)

  山林非时不升斤斧,以成草木之长,川泽非时不入网罟,以成鱼鳖之长;不麛不卵,以成鸟兽之长。畋渔以时,童不夭胎,马不驰骛,土不失宜。(《逸周书·文传解》)

  工尹伐材用,毋于三时(指春夏秋),群材乃植。(《管子·问》)

  当春三月……毋杀畜生,毋拊卵,毋伐木,毋夭英,毋拊竿,所以息百长也。(《管子·禁藏》)

  百工将时斩伐。(《荀子·王霸》)

  山林泽梁以时禁发。(《荀子·王制》)

第六章 蔚然成风的生态环境保护思想

故养长时则六畜育，杀生时则草木殖，政令时则百姓一，贤良服。(《荀子·王制》)

修火宪，养山林薮泽草木鱼鳖百索，以时禁发，使国家足用而财物不屈，虞师之事也。(《荀子·王制》)

这些观点显然是在春秋时期"以时禁发"思想基础上而阐发的主张，只是战国时期的思想家更加认识到生态资源的有限，如《管子·八观》篇："山林虽广，草木虽美，禁发必有时。"山林草木再多，也禁不住人们的滥伐滥砍，所以必须加以限制。

如果说春秋时期的"以时禁发"主张的提出旨在保护生物资源的成长，是为了保持生态环境的正常循环。那么战国时期的"以时禁发"则除了这些，还更多地关注了生态资源和人类社会的关系，与其说它是为了保护生态环境还不如说它是为了维护人类本身。因为战国时期生态资源已经十分贫乏，甚至影响到了人们的生活，对此，思想家们深有体会，所以他们在阐述其生态保护主张时，更多地将生态资源对于人类社会的重要性考虑了进去。

不违农时，谷不可胜食也。数罟不入洿池，鱼鳖不可胜食也。斧斤以时入山林，材木不可胜用也。谷与鱼鳖不可胜食，材木不可胜用，是使民养生丧死无憾也。(《孟子·梁惠王上》)

圣王之制也，草木荣华滋硕之时则斧斤不入山林，不夭其生，不绝其长也；鼋鼍、鱼鳖、鳅鳝孕别之时，网罟毒药不入泽，不夭其生，不绝其长也；春耕、夏耘、秋收、冬藏四者不失时，故五谷不绝而百姓有余食也；污池、渊沼、川泽谨其时禁，故鱼鳖优多而百姓有余用也；斩伐养长不失其时，故山林不童而百姓有余材也。……修火宪，养山林薮泽草木鱼鳖百索，以时禁发，是国家足用而财物不屈，虞师之事也。(《荀子·王制》)

春三月山林不登斧，以成草木之长；夏三月川泽不入网罟，以成鱼鳖之长。……夫然，则有生而不失其宜，万物不失其性，人不失其事，天不失其时，以成万财。(《逸周书·大聚解》)

显然，按照动植物的生长规律对其进行捕捞、砍伐，目的就是为了保证人们有足够的生活资料，人民生活富足了，国家也就富足了，保护生态环境又具有了重要的政治意义。对此，《管子·七臣七主》做了明确表述：

四禁者何也？春无杀伐，无割大陵，倮大衍，伐大木，斩大山，行大火，诛大臣，收谷赋。夏无遏水，达名川，塞大谷，动土功，射鸟兽。秋毋赦过释罪缓刑。冬无赋爵赏禄，伤伐五藏。故春政不禁，则百长不生。夏政不禁，则五谷不成。秋政不禁，则奸邪不胜。冬政不禁，则地气不藏。四者俱犯，则阴阳不和，风雨不时，大水漂州流邑，大风漂屋折树，火暴焚，地燋草，天冬雷，地冬霆。

可见，"以时禁发"能否真正地贯彻执行，事关生物的繁衍，树木的生长，气候的正常乃至社会的稳定，人们的安危。所以，思想家们主张用严厉的手段来推行这一思想，《荀子·君道》就提出了"先时者杀无赦，不逮时者杀无赦"的主张，由此我们也可推断出当时生态环境问题确实已经比较严重，才使思想家们建议采取这种严厉的手段以推广其"以时禁发"思想。

三 取之有度

作为另外一种十分重要的生态保护主张,"取之有度"的思想也被战国时期的思想家们继承下来,"取之有度"就是要求人类在使用自然资源的时候,要有适当的克制,不能为了一时的需要而把生态资源赶尽杀绝,而要给它们以应有的生长和喘息时间。以遏制整个社会尤其是上层分子对生态资源的大肆掠夺和挥霍,达到保护生态环境的目的。

战国时期的思想家同样认识到对动植物的利用加以最大限度的保护,以保证生态环境正常循环的重要性,《荀子·富国》篇说:"伐其本,竭其源,而并之其末,然而主相不知恶也,则其倾覆灭亡可立而待也。"如果不加以限制,而任凭砍伐捕杀,自然资源将很快耗尽,这将会导致国家的灭亡。可见取之有度对于社会的重要性。

战国时期的思想家从各个方面阐述了其主张,从而使"取之有度"思想更加全面具体,具有更有实效的指导意义。如《礼记·王制》说:"不麛,不卵,不杀胎,不殀夭,不覆巢。"《逸周书·文传解》说:"无杀夭胎,无伐不成材。"就是要求人们在捕猎的时候不要杀幼小动物,在砍伐树木的时候不要砍伐没有长成材料的小树。

战国时期各国生态资源均告匮乏的实际情况,更使思想家和统治者们深深感到合理利用生态资源的重要性,只有有所节制,给生态资源一个循环生长的机会,才能保证人类对生态资源的长久利用。所以,《礼记·曲礼下》说:"国君春田不围泽,大夫不掩群,士不取麛卵。"《王制》也说:"天子不合围,诸侯不掩群。"都是建议不要把野生动物赶尽杀绝,微微留有余地。如果任凭人们疯狂地掠夺生态资源,那就是统治者的失策了,《管子·国准》篇说:"童山竭泽者,君智不足也。"就是提醒统治者要清醒地认识到合理利用生态资源的重要性，不要犯傻子一般的低级错误。

同时，战国时期的思想家对生态资源的有限性及其生长规律也有了充分认识，懂得再丰富的资源也经不住人们的无限度使用，因此必须有节制地使用，如《管子·八观》说："国虽充盈，金玉虽多，宫室必有度。江海虽广，池泽虽博，鱼鳖虽多，网罟必有正。……非私草木，爱鱼鳖也，恶废民于生谷也。……山林虽近，草木虽美，宫室必有度。"只有做到了取之有度，合理利用，才能保证生态资源的正常生长和循环，保证人们拥有足够的生态资源以供生活生产，正如《管子·侈靡》所言："山不童而用赡，泽不弊而养足。"可以看出，思想家们已经认识到，给生态资源留有余地，就是给人类自己留有余地。

总之，形成于春秋时期的"以时禁发"、"取之有度"生态环境保护思想，由于正确地表达了人与自然的关系，并且迎合了当时人们迫切需要了解自然的潮流，所以受到战国时期思想家的重视并被继承下来，作为他们呼吁保护生态环境的主张。而随着经济的发展，人口的激增，战争的频繁，整个生态环境遭到了越来越严重的破坏，给人们的日常生活带来很大的影响，使人类日益感到生态环境对于人类自身生存和发展的重要性，觉察到生态环境的严重破坏影响到了社会秩序的稳定，进而会影响到统治者的统治，所以必须对其采取保护的措施。

因此，战国时代的思想家在阐述"以时禁发"、"取之有度"的生态环境保护思想时，带有明显的针对性和紧迫感。他们不再仅仅停留在单纯的生态保护层面，而是适应社会发展的需要，将其和人类社会紧紧结合在一起进行讨论，使人们更加了解生态环境对于人类自身的重要性，它关系到社会上的每个人的幸福，关系到人类社会的未来，因而其具有更为广泛的影响力，也更容易引起整个社会对生态环境问题的重视。

第三节 《管子》:趋同走势中生态环保思想的总结

战国时期长期的兼并战争,不仅使整个社会生产遭到了极大的破坏,也严重地影响了人们的生活。广大人民十分痛恨战争给他们带来的灾难,迫切要求结束战争。再加上战争中各国均势的逐渐打破,各国实力对比发生了新的变化,走向统一已成为不可逆转的历史潮流。在社会大环境的影响下,学术思想也出现了求同的趋势。胡适先生指出:"这三百多年的古代思想史,已觉得在这极盛的时代便有了一点由分而合的趋势。"[①] 杨宽先生也认为:"从战国中期的百家争鸣到战国末年的百家交融,是当时思想界发展的一个总趋势。"[②] 姜建设教授也说:"战国晚期,统一趋势日益明朗,百家异趣中的求同意向越来越明显,学术思想因而呈现出互相渗透、百家合流的态势。"[③]

百家合流,一方面体现在个人的成就上,如荀子这样以儒家为主、兼采他家思想的集大成式的人物;另外一方面则体现在集体智慧的结晶上,如由来自不同学派的稷下学者共同完成的《管子》以及由吕不韦组织千名门客集体编撰的《吕氏春秋》,都是当时百家合流趋势中的代表成果。关于《吕氏春秋》的生态环境保护思想,将在下节详细讨论,本节先讨论《管子》的生态环境保护思想。

《管子》由战国稷下学派众多学者共同撰写,也正因此,后世在决定其派别时很难确定,《汉书·艺文志》将其列为道家,

[①] 胡适:《中国中古思想史长编》,华东师范大学出版社1996年版,第1页。
[②] 杨宽:《吕不韦和吕氏春秋新评》,《杨宽古史论文选集》,上海人民出版社2003年版,第782页。
[③] 姜建设:《周秦时代理想国探索》,中州古籍出版社1998年版,第212—213页。

隋唐以后的《经籍志》则把它归入法家,后世又归入杂家。由此可见其内容之庞杂,《管子》涉及古代政治、经济、军事、哲学、法律、农业、文学等诸多方面,因而它能更加全面地反映春秋战国时期的思想文化水平。书中所包含的生态环境保护思想,反映了战国末期的学者们在对前代以及当时流行的生态环境保护思想总结方面所取得的成就。

一 关于天人关系的讨论

"天人关系"依然是学者们关注的焦点问题。《管子》在对天人关系的探讨中充分吸取了各家学派的精华部分,同时有所发展。战国后期,随着生产力的发展和科学技术水平的提高,人们对自然的认识更加清晰和理智。如《管子·形势》篇说:"天不变其常,地不易其则,春秋冬夏不更其节,古今一也。"《形势解》篇也说:"天覆万物,制寒暑,行日月,次星辰,天之常也。治之以理,终而复始。"意思是说大自然是客观存在的,并且按照其固有规律在运行着,这是永恒不变的,因此,人类要合理地对待自然。

正是由于大自然按照自己的固有规律在运行着,才使日月星辰排列有序,寒冬酷暑适时变化,万物才得以生长存在,《管子·形势解》:"故天不失其常,则寒暑得其时,日月星辰得其序……地不易其则,故万物生焉。"既然大自然的运行规律是客观存在的并且是不可违背的,那么就要尊重自然,这样,人类社会才能正常发展,《管子·形势》:"得天之道,其事若自然。"《管子·形势解》:"明主上不逆天,下不圹地,故天予之时,地生之财。"

如果不懂得自然规律,违背了自然规律去做事,那么后果是非常严重的,《四时》篇载"不知四时,乃失国之基",不了解四季变化的原理,就失去了国家的根基;《形势》篇说"失天之道，虽立不安"，还有《形势解》篇："乱主上逆天道，下绝地理，故天不予时，地不生财。"由此可见，人与自然的关系十分密切，人必须按照客观自然规律办事，只有这样，才能得到自然的帮助，正如《管子·形势解》篇所说："其功顺天者，天助之。其功逆天者，天违之。"尊重自然规律、按照自然规律办事对于国家存亡、社会发展非常重要。而《管子》对此已经有了十分清醒的认识，从而奠定了其生态保护思想的基础。

二 对自然环境及其重要性的认识

在了解自然的基础上，《管子》对生态环境和人类社会的关系也有深刻的认识。这首先体现在建国立都时对生态环境的重视，如《乘马》篇道："凡立国都，非于大山之下，必于广川之上，高毋近旱而水用足，下毋近水而沟防省。因天材，就地利，故城郭不必中规矩，道路不必中准绳。"因为国都是国家统治的中心，在某种程度上来说它就代表着国家，国都危险了，国家也就危险了，所以十分重视对国都地址的选择。同时，在建都城时要合理利用生态环境，按照自然环境来设计、建设城市，而不要因为拘泥于旧模式而改变生态环境；《度地》篇则进一步具体讨论了选择优越生态环境建国立都的重要性："故圣人之处国者，必于不倾之地。而择地形之肥饶者，乡山，左右经水若泽，内为落渠之写，因大川而注焉。乃以其天材，地之所生利，养其人以育六畜。"在有山有水的地方建都，不仅环境优美，而且资源充足，有利于统治。

整个生态系统是庞大而复杂的，只有充分认识到这一点，才能有针对性地制定对策，合理利用生态环境。在这方面，《管子》也有丰富的理论。如《八观》篇说："夫山泽广大则草木易多也，壤地肥饶则桑麻易殖也。"这是从宏观上达到的认知，有了这样的认识，就可以根据具体的生态环境，而制定相应的对策;而《山国轨》篇则对适合不同生物生长的土壤做了明确分类:"有芫蒲之壤,有竹箭檀柘之壤,有氾下渐泽之壤,有水潦鱼鳖之壤。"由此可见《管子》所具备的生态智慧!具备了这样的认识,就可以有针对性地利用生态环境,使其最大限度地发挥作用,这正如《地员》所载:

> 五粟之土,若在陵在山,在隙在衍,其阴其阳,尽宜桐柞,莫不秀长。其榆其柳,其檿其桑,其柘其栎,其槐其杨,群木蕃滋,数大条直以长。其泽则多鱼,牧则宜牛羊。其地其樊,俱宜竹箭,藻龟楢檀,五臭生之。

而对那些不适合作物生长的土壤,也想法利用,《度地》篇提到:"地有不生草者,必为之囊。大者为之堤,小者为之防,夹水四道,禾稼不伤。岁增之,树以荆棘,以固其地,杂之以柏杨,以备决水。"这样的认识,对于我们今天都具有重要的借鉴意义。

对于生态环境在保证社会稳定、维护统治等方面的作用,《管子》进行了详细论述,如《侈靡》篇云:"山不童而用赡,泽不弊而养足。"只有保证生态环境的正常更新,才能保证人类社会有足够的生态资源。而能不能有效地保护生态资源,关系到统治者的统治能否维系,《轻重甲》篇曰:"为人君而不能谨守其山林菹泽草莱,不可以立为天下王。山林菹泽草莱者,薪蒸之所出,牺牲之所起也。"所以,《管子》大力提倡保护生态环境,反对君王带头破坏生态环境的做法,并加以批判,如《国准》篇说:"童山竭泽者,君智不足也。"认为君王破坏生态环境的行为是十分荒唐的,因为其没有考虑到生态环境的好坏对其地位稳定与否具有重要的决定作用。

三　保护生态环境的思想内容

《管子》保护生态环境思想的具体内容，依然主要体现"以时禁发"和"取之有度"等方面。

（一）以时禁发

《管子》认为，万物都有自己的生长周期，《权修》篇指出："地之生财有时。"所以，要尊重它们的生长规律，合理地利用，以保证自然为人类提供持续不断的资源。在此基础上，《管子》全面论述了其"以时禁发"思想：

> 顺天之时，约地之宜，忠人之和。故风雨时，五谷实，草木美多，六畜蕃息，国富兵强，民材而令行，内无烦扰之政，外无强敌之患也。（《禁藏》）

> 山林虽广，草木虽美，禁发必有时。国虽充盈，金玉虽多，宫室必有度。江海虽广，池泽虽博，鱼鳖虽多，网罟必有正。（《八观》）

> 夫财之所出，以时禁发焉，使民足于宫室之用。（《立政》）

> 工尹伐材用，毋于三时，群材乃植。（《问》）

> 当春三月……毋杀畜生，毋拊卵，毋伐木，毋夭英，毋拊竿，所以息百长也。（《禁藏》）

> 无杀麛夭，毋塞华绝芋。……令禁罝设禽兽，毋杀飞鸟。（《四时》）

> 不疠雏鷇，不夭麑夭。（《五行》）

从上述内容可以看出，《管子》的"时禁"，包括两个方面的含义：一是自然界的时令，如"三月"，正是春天到来的季节，此时，万物萌发，正是生命力脆弱的时候，如果此时遭到了破坏就难以生长，所以在这个季节制定禁令，对其进行保护是十分必要的；二是生物自身的时令，动植物幼小的时候生命力也很脆弱，极容易受到伤害，如果此时伤害它们，就再也没有生长、发育乃至繁殖的可能，长久下来，必定会导致生态资源的枯竭。

可以看出，《管子》的作者们对"时禁"思想理解得十分透彻，继承得十分完整，总结得十分完善。

（二）取之有度

人是自然资源的最大消费者，因此，合理地利用生态资源，是保护生态环境，保证可持续发展的必要条件，针对当时社会不良风气所导致的生态资源浪费，《管子》提倡节约，反对浪费生态资源，极力主张消费有度。如《禁藏》篇提出："宫室足以避燥湿，食饮足以和血气，衣服足以适寒温，礼仪足以别贵贱，游虞足以发欢欣，棺椁足以朽骨，衣衾足以朽肉，坟墓足以道记。"同样的思想还见于《立政》篇："度爵而制服，量禄而用财。饮食有量，衣服有制，宫室有度，六畜人徒有数，舟车陈器有禁。修生则有轩冕、服位、谷禄、田宅之分，死则有棺椁、绞衾、圹垄之度。"《五辅》篇也说："节饮食，撙衣服，则财用足。"

在阐述自己取之有度思想的同时，《管子》还力图发现问题的根源，反对浪费，批评奢侈。如《小匡》篇就以"昔先君襄公，高台广池，湛乐饮酒，田猎毕弋，不听国政"的教训引以为戒。《揆度》篇则指出了无限度地向自然索取的根源："诸侯之子将委质者，皆以双武（虎）之皮，卿大夫豹饰，列大夫豹幨。大夫散其邑粟与其财物，以市武豹之皮。故山林之人刺其猛兽。"建议首先从上层社会做起，遏制浪费，减轻对生态资源的掠夺。

《管子》还认为，过度的消费会导致国家的衰弱，如《权修》篇："地辟而国贫者，舟舆饰，台榭广也。……地之生财有时，民之用力有倦，而人君之欲无穷。"再如《八观》篇："困仓寡而台榭繁者，其藏不足以共其费。"这样下去，势必会导致国家的灭亡，《七臣七主》篇说："台榭相望者，亡国之庑也，驰车充国者，追寇之马也。"虽然《管子》提倡节俭在很大程度上是出于政治上的考虑，但是在客观上还是能起到保护生态环境的作用。

四 保护生态环境的措施

《管子》认为，仅仅从思想上做引导还远远不够，要想真正地保护生态环境，还需要设置专门的机构、制定相关的法令。

（一）设立环保机构和官员

设置专门的机构和官员负责保护生态环境，是古代中国一个良好的传统，据记载在舜帝时期中国已经有了环保官员"虞"，这个传统也被继承下来，《管子》书里关于这方面的论述也很多，《小匡》篇曰："市立三乡，工立三族，泽立三虞，山立三衡。"这里的"虞"、"衡"在上文都有论述，他们都是古代负责山林川泽保护的官员。

这些环保官员的职责就是监督那些破坏生态环境的行为，如《五行》篇所说："出国衡，顺山林，禁民斩木。"《立政》篇也说："修火宪，敬山泽林薮积草。夫财之所出，以时禁发焉。使民于宫室之用，薪蒸之所积，虞师之事也。"有了这些专职官员，就可以使禁令得到有效的推行，有效地保护生态环境。

（二）颁布法令

颁布法令的目的，就是以法令的威严来震慑破坏生态环境的行为，《轻重己》篇载："天子出令曰：'毋聚大众，毋行大火，毋断大木，诛大臣，毋斩大山，毋戮大衍。灭三大而国有害也。'天子之夏禁也。"

《七臣七主》则作了详细解释:"四禁者何也?春无杀伐,无割大陵,倮大衍,伐大木,斩大山,行大火,诛大臣,收谷赋。夏无遏水,达名川,塞大谷,动土功,射鸟兽。秋毋赦过释罪缓刑。冬无赋爵赏禄,伤伐五藏。"

如果违背了这些禁令,就会受到相应的处罚,《地数》篇曰:"苟山之见荣者,谨封而为禁。有动封山者,罪死而不赦。有犯令者,左足入,左足断,右足入,右足断。然则其与犯之远矣。"在万物萌生的时候实行禁令,不许进入禁地,有擅自进入者,要被砍掉脚,进去而且祸害生态资源了,则是死罪。

专职的官员再加上如此严格、残酷的律令,对保持一个良好的生态环境势必能起到积极有效的作用。

五 对破坏生态环境行为的批判

在大力倡导保护生态环境的同时,《管子》还不遗余力地批判了破坏生态环境的行为。如《国准》篇与齐桓公的对话:

"有虞之王,枯泽童山。夏后之王,烧增薮,焚沛泽,不益民之利。殷人之王,诸侯无牛马之牢,不利其器。周人之王,官能以备物。五家之数殊,而用一也。"桓公曰:"然则五家之数,籍何者为善也?"管子对曰:"烧山林,破增薮,焚沛泽,禽兽众也。童山竭泽者,君智不足也。"

通过对历史上焚烧山林等事件的讨论,指出破坏生态环境是一种愚蠢的行为,以警示当时之人。在《海王》篇里对桓公有害于生态的想法一一予以了否定:"桓公问于管子曰:'吾欲籍于台雉,何如?'管子对曰:'此毁成也。''吾欲籍于树木。'管子对曰:'此伐生也。''吾欲籍于六畜。'管子对曰:'此杀生也。'"受到了这样的批判后,统治者必定会有所收敛,减缓对生态资源的掠夺。

总之,《管子》对生态环境保护思想所做的总结是卓有成效的。它较之前代或者同时代各派的生态环境保护思想,初步体现出了全面、具体的特色。西周春秋以来所形成的形形色色的生态环境保护思想,在这里得到了一次较为系统的整合,各家各派的生态环境保护思想似乎都能在这里找到自己的痕迹。这恰恰反映出在当时统一趋势下,百家逐渐合流的时代特征。

第四节　百川归海:《吕氏春秋》对生态环保思想的大汇总

《吕览》即《吕氏春秋》,该书成于秦统一六国前夕。据《史记·吕不韦列传》记载,秦王政即位初年,"吕不韦乃使其客人人著所闻,集论以为'八览'、'六论'、'十二纪',二十余万言,以为备天地万物古今之事,号曰《吕氏春秋》"。由此我们可以看出,这部著作是由吕不韦的门客集体编写而成。

吕不韦有门客三千,"人人著所闻"的结果使这部书内容十分丰富、十分庞杂。所以徐复观说《吕氏春秋》"是对先秦经典及诸子百家的大综合"。据他统计,此书"引《诗》者十五,引《逸诗》者一,引《书》者十……引《易》者四,述《春秋》者一。……孔子者二十四。墨子者六,孔墨并称者八。又多次提到孔墨的许多弟子。提到老子者四。孔老并称者一。提到庄子者二,列子者二,詹何者三,子华子者五,田骈者二"。[①]可见该书包含了儒、道、墨、法、阴阳等诸家思想,因此有学者说它"反映了战国末期各流派在学术上百川归海的历史趋势"。同时,

---

[①] 徐复观:《两汉思想史》(第2卷),华东师范大学出版社2001年版,第1—2页。

"此书能积极、客观地对待先秦时代的文化遗产,公开申明超越学派门户成见,采集诸家之长,显示了对诸子百家兼容并蓄的宽广胸怀。在中国文化史上,这是第一部有统一体例、按预定的方案集体编撰完成的理论著作"。①

根据上述评价,我们可以确定,较之《管子》,《吕氏春秋》是战国末期一部更加全面、更加系统的学术总结性著作。

既然是这么全面的一部著作,那么,战国时期蔚然成风的诸子百家之生态环境保护思想自然也得到了很好的总结,而书中充满了丰富的、颇具创新意义的生态环境保护思想即是最好的证明。令人遗憾的是,目前学术界对《吕氏春秋》的研究,大多拘泥于政治、文化、哲学等方面,对其丰富的生态环境思想却鲜有论及,究其缘由,大概一则跟吕不韦是一个杰出的政治家有关,使学者首先注重的是其政治内容;二则跟本书的生态环境保护思想散布在不同的篇章之中,需要下工夫去发掘和整理有关。如果对它进行深入细致的研究,我们会惊喜地发现,本书不仅蕴涵了大量的生态环境保护思想,而且书中的相关思想还非常有条理和系统化。

遍观《吕氏春秋》,其"十二纪"所含生态环境思想最为丰富、最为集中、最为典型。而关于"十二纪"的来源,历来也为学者们所关注,所以在此首先对其作一大略介绍。

我国是个传统的农业国家,古人很早就开始记录一年四季十二个月的节候以指导农业生产,给我们留下了很多资料,目前我们能够见到的且较为系统的有《大戴礼记》之《夏小正》,《逸周书》之《周月解》、《时训解》及《礼记》之《月令》。这些作品的内容都和"十二纪"有相同或类似的地方,因此也导致

---

① 李学勤主编:《中华文化通志》,吕文郁撰:《春秋战国文化志》,上海人民出版社1998年版,第182页。

了对其来源的争论。据《礼记·月令》正义曰："按郑目录云：名曰《月令》者，以其记十二月政之所行也，本《吕氏春秋·十二月纪》之首章也。"陆德明之《经典释文·月令释文》亦曰："此(《月令》)是吕氏春秋十二纪之首，后人删合为此。"

基于前人的认识，《四库全书·总目提要·子部·杂家类》云："十二纪即《礼记》之《月令》"这一结论得到较多学者的认可，但是也有学者看法与此不同，如徐复观就认为："（十二纪）吸收了《夏小正》及《周书》的《周月》、《时训》，加以整理；而另发展了邹衍的思想，以此为经；再综合了许多因素，及政治行为，以组成'同气'的政治思想的系统。"①

尽管对其源出存在分歧，但在它是吸收前人成果上著录而成这一点却是没有异议的。因为《吕氏春秋》是集大家所长而成，所以"十二纪"也应该是同类作品中内容最为全面、最为完整、最具代表性的。

一 关于天人关系的阐述

《吕氏春秋》的生态环境保护思想首先体现在其对"天人关系"这一古老命题的继承和发扬上。《序意》篇说："凡《十二纪》者，所以纪治乱存亡也，所以知寿夭吉凶也。上揆之天，下验之地，中审之人，若此则是非可不可无所遁矣。"可见作者编写本书的一个重要指导思想就是在探讨人与自然关系的基础上寻求人类社会与个体生命生存发展的规律和对策。

在天人关系上，本书首先肯定了人由天生，即人来自于自然界。《本生》篇曰："始生之者天也，养成之者人也。"《大乐》篇亦曰："始生人者天也。"人由天生，这是春秋以来思想家的

---

① 徐复观：《两汉思想史》（第2卷），华东师范大学出版社2001年版，第9页。

共识，所以这种观点也得到了此书的认同。在此基础上又有所发挥，《大乐》篇道："太一生两仪，两仪出阴阳。阴阳变化，一下一上，合而成章。"东汉高诱注云："两仪，天地也。出，生也。"意思是天地由太一所生，天地则通过阴阳的上下交合生出万物，人也是由阴阳所生，《知分》篇曰："凡人物者，阴阳之化也。阴阳者，造乎天而成者也。"这里有明显的儒、道天道观的痕迹，而其阴阳生万物的观点，则是具有创新意义的思想。

按照《吕氏春秋》的理论，天地万物包括人类在内都是由阴阳之气化生的，而阴阳之气又源于"太一"，所以整个世界是一个有着内在联系的统一整体，正如《情欲》篇所言："人之与天地也同，万物之形虽异，其情一体也。"既然万物都存在于一个统一的整体中，那么它们之间必然要互相联系、互相作用，对此《应同》篇作了详细的论述：

> 类固相召，气同则合，声比则应。鼓宫而宫动，鼓角而角动。平地注水，水流湿。均薪施火，或就燥。山云草莽，水云鱼鳞，旱云烟火，雨云水波，无不皆类其所生以示人。故以龙致雨，以形逐影。师之所处，必生棘楚。祸福之所自来，众人以为命，安知其所。夫覆巢毁卵，则凤凰不至；刳兽食胎，则麒麟不来；干泽涸渔，则龟龙不往。

《谕大》篇也说："山大则有虎豹熊螈蛆，水大则有蛟龙鼋鼍鳣鲔。"还有《功名》篇："水泉深则鱼鳖归之，树木盛则飞鸟归之，庶草茂则禽兽归之。"

不仅如此，当时思想家还认识到了万物的生长、衰落规律，《义赏》篇说："春气至则草木产，秋气至则草木落。"正是对其规律有深入的认识，才能提出相应的林木保护思想，比如规定只能在适当的季节里去砍伐树木等。

这些似曾相识的文字论述了事物存在和发展的外在条件和内在依据，揭示了事物之间的因果关系，说明万物的存在都需要相关的客观环境，所以必须尊重客观环境及其运行规律，《孟春纪》说"无变天之道，无绝地之理，无乱人之纪"，《仲秋纪》也说"凡举事无逆天数，必须其时"，都是要求人要尊重自然规律，按照自然规律办事。要尊重客观环境，首要必须要了解自然环境及其运行规律，认识自然规律的方法正如《当赏》篇所说："民以四时、寒暑、日月、星辰之行知天。"人类通过四时、季节变化和日月星辰的运行来了解自然，只有充分了解生存环境的特性，才能了解其中万物的生长、衰落规律，才能采取相应的办法。

二 生态环境保护思想

（一）以时为令，保护和利用生态资源、

正是基于对自然界及其运行规律的充分认识，《吕氏春秋》根据每一个月份的节候情况、生物生长规律等，表达了非常丰富、具体的生态环境保护思想。

乃修祭典，命祀山林川泽，牺牲无用牝，禁止伐木，无覆巢，无杀孩虫胎夭飞鸟，无麑无卵，无聚大众，无置城郭，掩骼霾髊。（《孟春纪》）

无竭川泽，无漉陂池，无焚山林。（《仲春纪》）

田猎罼弋，罝罘罗网，喂兽之药，无出九门。是月也，命野虞，无伐桑柘。（《季春纪》）

是月也，继长增高，无有坏隳。无起土功，无发大众，无伐大树。……是月也，驱兽无害五谷，无大田猎，农乃升麦。（《孟夏纪》）

令民无刈蓝以染，无烧炭，毋暴布。（《仲夏纪》）

> 令渔师伐蛟取鼍，升龟取鼋。乃命虞人入材苇。……是月也，树木方盛，乃命虞人入山行木，无或斩伐。不可以兴土功，不可以合诸侯，不可以起兵动众，无举大事，以摇荡于气。(《季夏纪》)
>
> 可以筑城郭，建都邑，穿窦窌，修囷仓。(《仲秋纪》)
>
> 命司徒，循行积聚，无有不敛；坿城郭，戒门闾，修楗闭，慎关籥，固封玺，备边境，完要塞，谨关梁，塞蹊径，饬丧纪，辨衣裳，审棺椁之厚薄，营丘垄之小大高卑薄厚之度，贵贱之等级。……是月也，乃命水虞渔师收水泉池泽之赋，无或敢侵削众庶兆民，以为天子取怨于下，其有若此者，行罪无赦。(《孟冬纪》)
>
> 山林薮泽，有能取蔬食田猎禽兽者，野虞教导之；……日短至，则伐林木，取竹箭。(《仲冬纪》)

从上述可见，战国后期不仅对生态环境已经有了非常客观深入的认识，而且还意识到在不同的生态环境下要采取相应的措施，对于生态资源，该取用的时候就取用，该禁用是就禁用，以保证人们的活动符合自然规律的要求，从而有效地保护生态环境。

(二) 违背自然规律的后果

既然自然有其客观规律，就要求人们的生产生活要以其为准绳，如果人们的行为不符合自然规律，就有可能造成严重的后果，从而引发生态问题，对此，书中也作了大量的论述：

> 孟春行夏令，则风雨不时，草木早槁，国乃有恐。行秋令，则民大疫，疾风暴雨数至，藜莠蓬蒿并兴。行冬令，则水潦为败，霜雪大挚，首种不入。(《孟春纪》)
>
> 仲春行秋令，则其国大水，寒气总至，寇戎来征。行冬

令,则阳气不胜,麦乃不熟,民多相掠。行夏令,则国乃大旱,暖气早来,虫螟为害。(《仲春纪》)

季春行冬令,则寒气时发,草木皆肃,国有大恐。行夏令,则民多疾疫,时雨不降,山陵不收。行秋令,则天多沉阴,淫雨早降,兵革并起。(《季春纪》)

孟夏行秋令,则苦雨数来,五谷不滋,四鄙入保。行冬令,则草木早枯,后乃大水,败其城郭。行春令,则虫蝗为败,暴风来格,秀草不实。(《孟夏纪》)

仲夏行冬令,则雹霰伤谷,道路不通,暴兵来至。行春令,则五谷晚熟,百螣时起,其国乃饥。行秋令,则草木零落,果实早成,民殃于疫。(《仲夏纪》)

季夏行春令,则谷实解落,国多风咳,人乃迁徙。行秋令,则丘隰水潦,禾稼不熟,乃多女灾。行冬令,则寒气不时,鹰隼早鸷,四鄙入保。(《季夏纪》)

孟秋行冬令,则阴气大胜,介虫败谷,戎兵乃来。行春令,则其国乃旱,阳气复还,五谷不实。行夏令,则多火灾,寒热不节,民多疟疾。(《孟秋纪》)

仲秋行春令,则秋雨不降,草木生荣,国乃有大恐。行夏令,则其国旱,蛰虫不藏,五谷复生。行冬令,则风灾数起,收雷先行,草木早死。(《仲秋纪》)

是月也,草木黄落,乃伐薪为炭。(《孟冬纪》)

孟冬行春令,则冻闭不密,地气发泄,民多流亡。行夏令,则国多暴风,方冬不寒,蛰虫复出。行秋令,则雪霜不时,小兵时起,土地侵削。(《季秋纪》)

仲冬行夏令,则其国乃旱,气雾冥冥,雷乃发声。行秋令,则天时雨汁,瓜瓠不成,国有大兵。行春令,则虫螟为败,水泉减竭,民多疾疠。(《仲冬纪》)

季冬行秋令,则白露蚤降,介虫为妖,四邻入保。行春

令，则胎夭多伤，国多固疾，命之日逆。行夏令，则水潦败国，时雪不降，冰冻消释。(《季冬纪》)

仔细分析以上资料可以看出，其中心内容就是要求人们的各种活动都必须要顺应自然规律，而不能违背自然规律。如果违背了自然规律，就会产生如上述文字所谈到的不良现象。反映出当时思想家对于违背了自然规律的活动可能导致的生态环境破坏，已经有了如此细致入微、面面俱到的认识，足以说明战国后期人们对生态环境的重视。而这些如此细微、周到的生态思想的产生，必定来源于切实的实践中，这恐怕也和当时生态环境的严重毁坏有关。

(三) 对"以时禁发"、"取之有度"等思想的继承

除了在微观上进行细致的分析和阐述，《吕氏春秋》还站在宏观的高度来看待生态问题，认为人和自然界中的万物一样，都来于自然，都属于自然，因此，大家应该保持友好的关系，和睦相处，相安无事，《观表》篇说："凡居于天地之间、六合之内者，其务为相安利也。"既然万物都是平等的，就要平等对待，要爱惜、保护自然界中的其他生命，在此基础上，提出了保护它们的主张，具体体现就是对春秋以来"以时禁发"和"取之有度"等生态保护思想的继承。

《上农》篇曰："然后制四时之禁：山不敢伐材下木，泽人不敢灰僇，缳网罝罦不敢出于门，罛罟不敢入于渊，泽非舟虞，不敢缘名，为害其时也。"通过这些禁令，保证山林、鱼虫、鸟兽等生态资源的生长发育；《义赏》篇则云："竭泽而渔，岂不获得？而明年无鱼。焚薮而田，岂不获得？而明年无兽。"竭泽而渔、焚薮而田确实满足了人们的一时之需，但是明年就不能享受这些资源了，使人们明白取之有度的重要性。这些思想显然是继承了前代思想而来的。

同时，本书还对当时的社会不良风气如大肆营造、厚葬等活动所导致的生态资源浪费进行了批判。《听言》篇曰："今天下弥衰，圣王之道废绝，世主多盛其欢乐，大其钟鼓，侈其台榭苑囿，以夺人财，轻用民死，以行其忿。"《骄恣》篇曰："齐宣王为大室，大益百亩，堂上三百户，以齐之大，具之三年而未能成。"这些大规模的营建活动不仅造成了生态资源的大量浪费，还导致了整个社会生态资源的失衡，并引发了严重的社会问题。对于厚葬，书中也进行了描述，《安死》篇云："世之为丘垄也，其高大若山，其树之若林，其设阙庭、为宫室、造宾阼也若都邑。"《节丧》篇道："国弥大，家弥富，葬弥厚。含珠鳞施，夫玩好货宝，锺鼎壶滥，舆马衣被戈剑，不可胜数。诸养生之具，无不从者。题凑之室，棺椁数袭，积石积炭，以环其外。"

如果厚葬之风遍及整个社会，将会导致更多的生态资源被挥霍浪费，长此下去，必然会造成生态资源枯竭，并最终形成严重的生态问题。对此，战国末期的思想家耳闻目睹，不能不忧心忡忡。

更为难能可贵的是，当时的思想家并没有走向极端，没有为了保护生态资源而过激地限制人类的行为，只是希望人们要保持清醒的头脑，正如《贵当》篇所说："田猎驰骋，弋射走狗，贤者非不为也，为之而智曰得焉。"人生在世，有很多生活方式，贤者也可以去打猎射鸟，但是和普通人所不同的是，贤者在从事这些活动的时候能够心怀自然，适可而止，不会太过度而已。

总之，随着战国时期生态环境问题的日益恶化，导致生态环境状况远远不如以前社会，当时一些具有远见卓识的思想家已经认识到这个问题的严重性，于是不约而同提出了保护生态环境的主张。与社会经济以及科学技术水平的发展水平相一致，战国时期思想家对于人和自然关系的认识水平和能力也在不断地提高，通过著书立说，思想家们又把自己的思想传播开来，使得越来越多的人对自然界有了清晰的了解,越来越多的人认识到保护生态环境的重要性。所以,整个战国时期生态环境保护思潮呈现出一种越来越浓厚的发展趋势,换句话说,就是从个体的思想最终发展成为群体的思想,这是一个可喜的发展趋势。因为这准确地反映出了战国时期生态问题发展的真实情况和人们对这个问题的重视程度。正是在思想家及广大人民群众的共同呼吁和参与下,生态环境保护思想最终得以升华到实践的高度。

第 七 章

更加深入具体的生态环境保护实践

公元前5至前3世纪生态环境问题的日益严重,导致了生态资源的匮乏。由于当时社会结构的相对简单,所以一旦一个社会构成因素出现了问题,很快就会引发其他社会问题的产生。因此,生态环境的恶化不仅影响了人们的生活,还破坏了正常的社会秩序,诱发了许多社会问题。于是生态环境问题引起了整个社会前所未有的越来越广泛的关注,作为社会中的精英分子,当时的各个学派都对这个问题进行了深入细致的探讨,然后从不同的角度提出了他们的生态环境保护主张,使生态环境保护思想在这一时期蔚然成风。尽管这些思想不能从根本上解决每况愈下的生态环境问题,但是它首先可以唤醒人们对这个问题的重视,并影响人们的行为。尤其是通过诸子百家的奔走游说,统治者认识到生态问题对于江山社稷及自身安危的重要性。为了维护其统治,他们不得不重视生态环境问题。于是,在丰富的生态环境保护理论的指导下,从设置生态环保机构、官员到发布各种生态环保方面的禁令再到生态环境保护法律的制定和实施,生态环境保护的实践也在不断的深入之中。

第一节 生态环保机构和官员的广泛设置

虽然文献记载说舜帝时已经任命益为虞,以管理山林鸟兽,但是当时尚未形成国家，所以虞也不会是常设的专门机构。国家正式设置专门机构，任命专职官员管理生态资源、保护生态环境的做法始于西周，当时所设的官员主要有山虞、泽虞、林衡、川衡等，这些官员在春秋时期依然存在。战国时期，随着各国生态环境的不断恶化，加上众多思想家的呼吁，生态环境问题也逐渐得到统治者的重视。为了有效地对生态资源进行管理，限制人们对生态环境的破坏，各个诸侯国纷纷设置生态保护机构，任命专职官员，负责生态环境的保护工作。

西周春秋时期业已存在的生态环境保护官员诸如"虞"、"衡"等，在战国时期依然可以见到，正如《管子·小匡》叙述的那样："市立三乡，工立三族，泽立三虞，山立三衡。"并且其职责也和之前大体相同，如《荀子·王制》曰："修火宪，养山林薮泽草木鱼鳖百索，以时禁发，是国家足用而财物不屈，虞师之事也。"注云："虞师，《周礼》山虞、泽虞也。"这显然是对西周官制的继承。《管子·立政》亦曰："修火宪，敬山泽林薮积草。夫财之所出，以时禁发焉。俾民于宫室之用，薪蒸之所积，虞师之事也。"而《礼记·王制》则曰："獭祭鱼，然后虞人入泽梁。豺祭兽，然后田猎，鸠化为鹰，然后设罻罗。草木零落，然后入山林。昆虫未蛰，不以火田。不麛，不卵，不杀胎，不殀夭，不覆巢。"《月令》亦曰："（季夏之月）树木方盛，乃命虞人入山行木，毋有斩伐。"《大戴礼记·夏小正》云："虞人入梁。虞人，官也。"这里的虞人就是上述的虞师。另外，《礼记·月令》还提到了"水虞"，也就是西周时期的泽虞。《管子·五行》则记载了衡的情况："出国衡，顺山林，禁民斩木，所以爱草木也。然则水解而冻释，草木区萌，赎蛰虫，卵菱，春辟勿时，苗足本，不疠雏鷇，不夭麑夭。"其职责也与西周时的林衡、川衡等相同。

随着经济的发展和人口的增多，战国时期的社会结构也日趋复杂,这种形势使国家的管理人员数量越来越多,分工也越来越细,生态环境保护官员也是如此。如"虞"就不再仅仅是山虞和泽虞,还出现了野虞,如《礼记·月令》说:"季春之月……命野虞毋伐桑柘。仲冬之月……山林薮泽,有能取蔬食,田猎禽兽者,野虞教道之。"除此之外,战国时期还出现了许多新的生态管理官员,这些官员的名称在《周礼》和《礼记·月令》及《吕氏春秋·十二纪》中都有记载。因为《礼记·月令》和《吕氏春秋·十二纪》的渊源关系,其内容大致相同,所以这里只列举《礼记·月令》中的相关内容,《吕氏春秋·十二纪》就不再重复举例。

《礼记·月令》记载的生态环境保护官员还有司空、渔师、泽人、四监等:

> 季春之月……命司空曰:"时雨将降,下水上腾。循行国邑,周视原野,修利堤防,道达沟渎,开通道路,毋有障塞。田猎,罝罘、罗网、毕翳、喂兽之药毋出九门。"
> 季夏之月……命渔师伐蛟,取鼍,登龟,取鼋。命泽人纳材苇。是月也,命四监,大合百县之秩刍,以养牺牲。(注:四监,主山林川泽之官)
> 孟冬之月……乃命水虞、渔师收水泉池泽之赋。
> 季冬之月……命渔师始渔。天子亲往,乃尝鱼,先荐寝庙。冰方盛,水泽腹坚。命取冰,冰以入。……乃命四监收秩薪柴,以共郊庙及百祀之薪燎。

这些新的生态环境管理官员的出现,给了我们两个提示:一方面反映战国时期社会管理事务比起前代要繁杂得多,所以其机构设置越来越具体,分工也越来越细;另外也说明正是由于战国时期生态环境的日益恶化,迫使政府任命更多的官员来负责这项工作。

《周礼》不仅记载了一些新的生态管理官员，而且对其机构设置也做了详细的记载。《周礼》的成书年代至今仍未定论，我赞同其成书于战国时期的观点，原因如杨天宇教授所说："像周礼这样的建国规划，只有在战国那样有统一希望和统一要求的时代背景下才有可能被制定出来。"① 虽然它保存了大量的西周史料，但无法否认的是，它也保存了更多战国时期的史料。透过这些，我们可以更加全面地了解战国所设生态环境保护官员之职责以及设置情况。

《天官》记载的生态环境管理官员有宫正、兽人、渔人等，其职责如下：

> （宫正）春秋以木铎修火禁……宫正，上士二人、中士四人、下士八人、府二人、史四人、胥四人、徒四十人。
>
> 兽人掌罟田兽，辨其名物。冬献狼，夏献麋，春秋献兽物。时田，则守罟。及弊田，令禽注于虞中……兽人，中士四人、下士八人、府二人、史四人、胥四人、徒四十人。
>
> 渔人掌以时渔为梁。春献王鲔，辨鱼物，为鲜薧，以共王膳羞……渔人，中士二人、下士四人、府二人、史四人、胥三十人、徒三百人。

《地官》记载的生态环境管理官员是迹人和卝人，其职责如下：

> 迹人掌邦田之地政，为之厉禁而守之。凡田猎者受令焉，禁麛卵者，与其毒矢射者。……迹人，中士四人、下士

---

① 杨天宇：《周礼译注》前言，上海古籍出版社2004年版，第17页。

八人、史二人、徒四十人。

卝人掌金玉锡石之地，而为之厉禁以守之。若以时取之，则物其地图而授之，巡其禁令。……卝人，中士二人，下士四人、府二人、史二人、胥四人、徒四十人。

《夏官》记载的生态环境管理官员是司爟和司险，其职责如下所述：

司爟掌行火之政令。四时变国火，以救时疾，季春出火，民咸从之。季秋内火，民亦如之。时则施火令。凡祭祀，则祭爟。凡国失火，野焚莱，则有刑罚焉。……司爟，下士二人、徒六人。

司险掌九州之图，以周知其山林川泽之阻，而达其道路。设国之五沟五涂，而树之林以为阻固，皆有守禁，而达其道路。……司险，中士二人、下士四人、史二人、徒四十人。

《秋官》所记生态管理官员有野庐氏、雍氏、司烜氏、柞氏、萷氏、赤犮氏、蝈氏等，其职责如下：

野庐氏掌达国道路至于四畿。比国郊及野之道路、宿息、井、树。若有宾客，则令守涂地之人聚柝之，有相翔者，诛之。……野庐氏，下士六人、胥十有二人、徒百有二十人。

雍氏掌沟渎、浍、池之禁。凡害于国稼者，春令为阱，攓沟渎之利于民者；秋令塞阱杜攓。禁山之为苑泽之沉者。……司险，下士二人、徒八人。

（司烜氏）以木铎修火禁于国中。军旅修火禁。……司烜氏，下士六人、徒十有六人。

柞氏掌攻草木及林麓。夏日至，令刊阳木而火之。冬日至，令剥阴木而水之。若欲其化也，则春秋变其水火。凡攻木者，掌其政令。……柞氏，下士八人、徒二十人。

薙氏掌除蠢物，以攻荥攻之。以莽草熏之，凡庶蛊之事。……薙氏，下士一人、徒二人。

赤犮氏掌除墙屋。以蜃炭攻之，以灰洒毒之。凡隙屋，除其狸虫。……赤犮氏，下士一人、徒二人。

蝈氏掌去蛙黾。焚牡菊，以灰洒之，则死。以其烟被之，则凡水虫无声。……蝈氏，下士一人、徒二人。

如此众多生态管理官员的设置，可以说是空前的。这足以说明战国时期生态问题的严重性已经到了动摇其社会根基的程度，为了稳定统治，统治者不得不正视这个问题；再加上诸子百家不遗余力的宣传，终于使统治者开始采取措施，设置专职官员，对有限的生态资源进行有效的管理，以遏制生态环境的不断恶化。

值得一提的是薙氏、赤犮氏、蝈氏等官员，从上述文字我们可以看出，其职责和其他官员主要是保护生态资源有所不同，他们的任务主要是保证环境的卫生和防疫，防止传染病的发生，可见当时社会随着生产的发展，物质的丰富，人们对于生活条件的改善也十分注重，所以才会有专门的官员来负责这些工作。

对于这些生态管理官员在改善生态环境方面到底能发挥多大的作用，我们今天很难说清，因为我们没有现成的统计数字或者文字记载作为证据。但是有一点我们可以肯定，在战国时期，中国古代官制尚未成熟和完善，其行政效能也不会很高，所以为了使这些官员在行使权力时有法可依，统治者还颁布了一些保护生态环境的禁令，以更加有效地保护生态环境。

第二节　保护生态环境的禁令及措施

这里所说的禁令是统治者为了保护生态资源而颁布的限时、限量捕杀动物、砍伐林木的命令。因为它是由政府颁布的，所以相对于仅仅从理论上进行呼吁的生态环境保护思想，它带有很大的强制性和时效性。在很大程度上能够弥补生态思想只能影响人们的意识而不能决定人们行为的不足。而保护生态环境是一项实践性很强的活动，如果只从思想上重视而没有行为上的身体力行，保护生态环境实际上就只能成为一句空话。而且更为重要的是，生态环境保护工作的推行不是通过一个人、一个团体的努力就能实现的，它需要整个社会的共同努力才能真正实现。所以，生态环境保护禁令的颁布，对于最大限度地限制人们破坏生态环境的行为，从根本上保护生态环境，具有十分重要的作用。

那么中国古代的生态禁令最早产生于什么时候呢？据《逸周书·大聚解》记载周公之语曰：

> 旦闻禹之禁，春三月山林不登斧，以成草木之长；夏三月川泽不入网罟，以成鱼鳖之长。

有的学者据此认为，生态环境保护的禁令远在夏代已经出现，但是这种看法是非常片面的。因为生态环境保护思想是伴随着生态环境问题的出现而产生的，所以生态环境保护的禁令也必定产生于生态环境问题产生之后。任何一种制度、一项政策都是有针对性的，它不可能而且也只能出现在事实之后。根据本文前面所述，中国古代生态环境问题在西周春秋时期始初露端倪，所以夏代根本不可能出现生态环境保护的禁令。所谓"禹之禁"的说法，不过是后人为了增加相关法令的神圣和权威，而附会给大禹的，事实上这是子虚乌有的事情。

另外值得注意的是，《逸周书》虽然是研究先秦历史的珍贵文献，但是其中只有少数几篇如《克殷解》、《世俘解》、《商誓解》、《度邑解》以及《作雒解》等是西周时期的真实材料，其他大多数则是战国时人所作。《大聚解》以及另外一篇含有生态思想的《文传解》都反映的是战国时期思想家的思想。之所以假托前代圣贤，就是想借圣贤的神圣权威使禁令得以顺利推行，这是战国时期的思想家经常采用的一种方法。如前引《荀子·王制》就说：圣王之制也……其他如《孟子》、《管子》、《礼记》等典籍中也经常出现假托前代圣王以阐发自己见解的内容，显然都是为了更好地得到社会的承认和接受，而把自己的主张假托是先王之制。

战国时期，礼坏乐崩，先王圣贤的典范作用已经难以发挥作用。对此，当时的思想家是十分清楚的，于是有的学者转而把目标指向当时的统治者，通过大量的游说、劝谏工作，打动当权者接受自己的主张，使自己的思想通过国家政令的形式体现出来。如《管子·轻重己》篇云："（天子）出令曰：'毋聚大众，毋行大火，毋断大木，诛大臣，毋斩大山，毋戮大衍。灭三大而国有害也。'天子之夏禁也。……'毋行大火，毋斩大山，毋塞大水，毋犯天之隆。'天子之冬禁也。"《四时》篇曰："五政曰：无杀麛夭，毋蹇华绝芋。……五政曰：令禁罝设禽兽，毋杀飞鸟。"

通过劝谏国君，使其接受自己的主张，最终把自己的生态环境保护思想以国君的名义变成了国家的法令，这样在推行、贯彻起来的时候必然畅通无阻。有鉴于此，战国时期的思想家在推行自己的生态主张时，往往把它和政治联系起来，以引起统治者的重视。而事实也告诉我们，这在当时确实是一种行之有效的办法，典型的例子如商鞅就是在得到秦国统治者的重用后，接受了他的主张，使法家思想在秦国大行其道。

因为这些政令是生态环境保护思想的体现，所以其内容也是十分周到细致的，如《管子·七臣七主》篇曰："四禁者何也？春无杀伐，无割大陵，倮大衍，伐大木，斩大山，行大火，诛大臣，收谷赋。夏无遏水，达名川，塞大谷，动土功，射鸟兽。秋毋赦过释罪缓刑。冬无赋爵赏禄，伤伐五藏。"再如《吕氏春秋·上农》篇道："然后制四时之禁：山不敢伐材下木，泽人不敢灰僇，缳网罝罦不敢出于门，罟罛不敢入于渊，泽非舟虞，不敢缘名，为害其时也。"这些禁令的内容，正是思想家们深思熟虑后思想的体现。如此完备的禁令，对于全面地保护生态环境，必然能够起到积极有效的作用。

在颁布禁令，限制破坏生态环境的同时，统治者还想方设法改善生态环境。战国时期在改善生态环境方面所做的主要工作就是植树造林，因为植树造林对于改良生态环境意义重大，所以这项工作有专门的官员负责。

据《周礼·地官》所记，大司徒"以天下土地之图，周知九周之地域广轮之数，辨其山、林、川、泽、丘、陵、坟、衍、原、隰之名物"，就是根据这五种地势来确定适宜生长的植物，即"土宜之法"，相当于我们今天的择地种树，这在今天也是一种经营山林、植树造林的合理思想。因此战国时期的植树造林，充分体现了因地制宜的特点，如《周礼·春官》记载，"冢人掌公墓之地……以爵等为丘封之度，与其树数"，说的是冢人负责在墓地植树；再如《周礼·秋官》说"野庐氏掌达国道路，至于四畿，比国郊野之道路、宿息、井树"，即野庐氏负责在公路、驿井等地植树；还有《周礼·地官》规定，遂人的使命是"五鄙为县，五县为遂，皆有地域，沟树之"，《周礼·夏官》有掌固"掌修城郭沟池树渠之固……凡国都之有沟树之固，郊亦如之",这是在河堤、护城河等地造林的记载。

由于森林资源破坏严重,战国时期的植树造林具有一定的强制性,据《周礼·地官》记载,载师负有"凡宅不毛者,有里布"的职责,就是对家里不种树者课以重税,闾师则"凡庶民……不树者,无椁",就是死后有棺而不能用椁,这在恭行礼仪、看重丧葬的古代,无疑是一种相当严厉的处罚,但反过来看却达到了植树造林、改善生态环境之目的。

由此可见,战国时期在保护和改善生态环境方面的确是做了大量工作并且取得了一些成效。但是仅仅颁布禁令是远远不够的,因为它还需要在执行中得到推行后,才能真正地起到作用。法令的推行依靠人们的自觉,这需要整个社会成员具有相应的素质为保证。在生态问题日益严重的战国时期,人们是否普遍具有较强的生态环保意识已经不得而知,因为我们没有关于当时人们这方面的任何记载,所以现在所说的只能是根据相关资料而进行的推测。从相关资料来看,在生态问题严重的战国时期,人们并不普遍具备相应的生态意识,所以一代又一代的思想家才会为之不断地著书立说、大声疾呼,以唤醒人们的生态意识。但是思想毕竟不具备应有的约束力,人们可以接受它也可以不接受它。而在生态问题日益严重的时期,尽最大可能对人们破坏生态环境的行为进行必要的限制又是势在必行的,所以,生态环境保护法律的制定,成为十分迫切的一件事情。

第三节 生态环境保护法律的制定

生态环境保护机构、官员的设置以及生态禁令的颁布,在一定程度上起到了保护生态环境的作用。然而春秋以来的礼坏乐崩,导致整个社会处在一场巨大的变迁之中,其情形正如迪尔凯姆所说:"社会逐步演化,社会环境越来越复杂,社会越来越流

第七章　更加深入具体的生态环境保护实践

动，社会的各种信仰、传统习惯，也逐渐地变化不定，从而使人们的思想也逐步发展并复杂起来。"① 春秋战国之际的社会变革，使人们的信仰、道德观念等都发生了重大变化。顾炎武曾经如此描写战国社会风气："春秋时犹尊礼重信，而七国则绝不言礼与信矣；春秋时犹宗周王，而七国则绝不言王矣；春秋时犹祭祀、重聘享，而七国则无其事矣……邦无定交，士无定主，不待始皇之并天下，而文武之道尽矣。"② 在这种社会状况下，仅仅凭借管理或者规定来限制人们破坏生态环境的行为明显不足，而生态环境的日益恶化又迫使统治者必须采取更加有效的办法来最大限度地限制人们对生态环境的破坏，在这种情况下，生态环境保护的法律终于形成。

虽然生态环境保护的法律出现在战国时期，但是我们必须切记：生态环境保护法律的形成决不是一蹴而就的，它有一个漫长的发展、演进过程，对这个过程进行一番回顾和探索，是很有必要的。透过它，一来我们可以对周代的生态环境保护思想再进行一次梳理，使之更加清晰；二来也可以使我们回顾一下中国古代的法制进程，对生态环境法的成因以及特点有更加明确的认识。生态环境保护思想有其深厚的文化积淀，生态环境保护法律也同样如此，对此，本文已经在第一章做了详细探讨，这里不再赘述。

在此需要着重强调的是，生态环境保护法律的形成，还与春秋战国时期激烈的社会变革有关，这正如导师姜建设教授所说那样："春秋战国时代的剧烈变革，为封建法制的发展开辟了道路，在经历了春秋末年那场艰难的公开化历程之后，法的调节领

---

① ［法］埃米尔·迪尔凯姆：《社会学方法的规则》，胡伟中译本，华夏出版社1999年版，第78页。
② （清）黄汝成：《日知录集释》，上海古籍出版社1985年版，第1005页。

域开始向外拓展,渐渐伸向民事领域,这才为环境立法提供了可能性。"① 他这里所说的"公开化历程"指的是春秋末年新兴地主阶级为公布成文法而进行的斗争,《左传》昭公六年说"郑人铸刑书",指的是郑国执政子产把刑书铸在铁鼎上公布于众,他的做法遭到了守旧派的激烈反对,叔向指责说公布法律将导致"民知有辟,则不忌于上"、"民知争端矣,则弃礼而征于书";昭公二十九年,"晋赵鞅、荀寅……铸刑鼎,著范宣子所为刑书焉",再次将法律公开,这次的反对者是孔子,他说:"晋其亡乎?失其度矣。……今弃是度也而为刑鼎,民在鼎矣,何以尊贵?"显然是在为维护旧贵族的利益作最后的努力。

　　战国时期,旧贵族势力衰弱,为法律的公开扫除了障碍,法律公布成为一项十分普遍的制度。《商君书·定分》说商鞅在秦国制定《秦律》,"使天下之吏民无不知法者",《韩非子·难三》则说"法者,编著之图籍,设之于官府,而布之于百姓者也"。可见,战国时期,法律公布已经成为一种惯例,它不仅大大地推动了我国古代法制化的进程,而且也有助于古代法律的不断补充和完善,正是在这样的条件下,生态环境保护法律的出台才有了可能。

　　通过对破坏生态环境和违背生态环境保护禁令的人进行处罚,以达到保护生态环境目的的做法,春秋时已经开始了。《左传》昭公六年曰:"楚公子弃疾如晋……禁刍牧采樵,不入田,不樵树,不采蓺,不抽屋,不强匄。誓曰:'有犯命者,君子废,小人降。'"楚公子弃疾下令不得破坏生态环境,违令者要受到惩罚;如果说公子弃疾的事例还有点类似禁令,则《左传》昭公十六年所记:"郑大旱,使屠击、祝款、竖柎有事于桑山。

---

① 姜建设:《古代中国的环境法:从朴素的法理到严格的实践》,《郑州大学学报》1996 年第 6 期。

斩其木，不雨。子产曰：'有事于山，蓻山林也，而斩其木，其罪大矣。'夺之官邑。"就是一件付诸行动的事件。

这段文字说的是郑国的几位官员到桑山求雨，因为砍伐了山上的树木而被罢官。当然，在当时这样的处罚必定是无法可依，带有很大的随意性，但是它至少为后人提供了可以借鉴的案例，使战国时期的法学家在制定生态环境保护法律时能够有例可循。从这方面说，它为生态环境法律的产生奠定了一定基础。

既然历史证明对破坏生态环境和违背生态环境保护禁令的人进行处罚能有效地警示世人，起到保护生态环境的作用，那么这种做法在战国时期继续被采用则是情理之中的事情。《周礼·地官》中规定："凡窃木者有刑罚。"这句话显然告诉我们，在当时违反了禁令而偷伐树木者，是要受到法律惩罚的。但是这个法律是什么样的内容，以及破坏生态环境会受到什么程度的惩罚，这里没有指明。这也说明了生态法律的制定确实是经历了一个非常复杂的过程。

随着生态环境的日益恶化，思想家们要求停止破坏生态环境的呼声也不断高涨，社会也迫切需要有一个契机能将思想家们的理论付诸实践。而事实证明，能够真正担当此任的是法家。我们都知道，法家在战国初期就纷纷活跃在各国的政治舞台，其时各个诸侯国竞相进行的改革就是在法家思想的指导下进行的，而法家也由此奠定了他们在战国政坛上的独特地位。也正是因为他们在战国政治上的重要地位，他们才有可能把他们的思想转化成为政府行为，使他们的思想得到充分的实践。对生态环境保护法制化作出卓越贡献的，当首推商鞅。

商鞅是战国时期法家的重要代表人物，也是一位杰出的政治家、改革家。商鞅原名公孙鞅，是卫国的庶公子，故又称作卫鞅。他先是投奔魏国，因不得志转而到了秦国，并得到秦孝公的重用。后因军功受封于商地，所以又叫商鞅或者商君。他在秦孝公支持下进行的改革,对秦国的政治、经济、军事以及文化等都产生了深远的影响。而认真研究其思想内容后,我们就会发现,和其他学派一样,商鞅的思想中也含有明显的生态环境保护内容。如《商君书·画策》曰:"昔者昊英之世,以伐木杀兽,人民少而木兽多。黄帝之世,不麛不卵,官无供备之,民死不得用椁。事不同,皆王者,时异矣。"意思是说,对生态资源的利用要因时而变,在生态资源充足的情况下,可合理地利用;如果生态资源紧张了,就要节约使用,以保持生态平衡。

如果说上述内容还停留在思想阶段,那么《史记·李斯列传》所说"商君之法,刑弃灰于道者",则显然已经进入了实践。无独有偶,《韩非子·内储说上》记载:"殷之法,刑弃灰于街者。"有人据此认为生态环境保护法律最早应该出现在商代,这是不正确的,因为商代还没有出现生态问题,也不可能出现相关法律。《盐铁论·刑德篇》载桑弘羊言也认为"商君刑弃灰于道。"李斯本人也是法家,他对于同是法家的商鞅必定不会陌生,所以他所说的话可信度应该是很高的。我们可以断定"刑弃灰于道者"是"商君之法"。但是,对于商鞅为何"刑弃灰于道者",说法很多。① 无论对这句话怎样解释,谁也无法否认它所蕴涵的生态环境保护内容。所以我们可以说:"古代中国的环境法规最早出现可能是在商鞅变法时期,是商鞅把环境问题提到立法工作的议事日程上。"② 因此,在生态环境保护法制化的过程中,商鞅功不可没。相对于战国早期其他各国的变法,商鞅在秦国的变法是最彻底和最有成效的,所以他的生态环境法规也得到了很好的贯彻和执行,其具体表现就是当东方各国都已经

---

① 张子侠:《商鞅为何"刑弃灰于道者"》,《淮北煤师院学报》1994年第2期。
② 姜建设:《古代中国的环境法:从朴素的法理到严格的实践》,《郑州大学学报》1996年第6期。

第七章 更加深入具体的生态环境保护实践

出现严重的生态问题时,秦国的生态环境状况仍然良好,这一切恰好被到秦国去的荀子看见,《荀子·强国》篇这样描述秦国的生态环境状况:"山林川谷美,天材之利多。"

由于商鞅制定的生态环境保护法规的卓有成效,使其他各国纷纷效仿,从而加速了战国时期生态环境保护法制化的进程。在生态问题十分严重的齐国,明确制定了严格的生态环境法规,以保护生态环境。如《管子·地数》篇说:"苟山之见荣者,谨封而为禁。有动封山者,罪死而不赦。有犯令者,左足入,左足断,右足入,右足断。然则其与犯之远矣。"这条法规比起商鞅的相关法规,更加具体详细,使人因为惧怕法律的惩罚而不敢再随意破坏生态环境。

虽然如此,最能反映战国后期生态环境保护法制化进程中所取得成就的,还是秦国,出土于睡虎地的《秦律·田律》以详细的法律条文把生态环境保护明确地纳入了法律轨道:"春二月,毋敢伐材木山林及雍(壅)堤水。不夏月,毋敢夜草为灰,取生荔、麛卵鷇,毋□□□□□毒鱼鳖,置陷罔(网)。到七月而纵之。唯不幸死而伐绾(棺)享(椁)者,是不用时。邑之近皂及它禁苑者,麛时毋敢将犬以之田。百姓犬入禁苑中而不追兽及捕兽者,毋敢杀;其追兽及捕兽者,杀之。"[①] 这段文字明白以法律的名义规定,在春天的二月不准上山砍伐林木,不准堵塞水道;不在夏季,不许烧草肥田,不准取鸟卵,还规定了对其他动物的保护措施。由此我们可以看出,在《秦律》中确实存在着生态环境保护法律的内容,其详尽、具体程度超过了之前的任何一条法规。而这些法律条文在《吕氏春秋·十二纪》以及《礼记·月令》中都有相应的内容与之对应,从而反映了生态环境保护法律和生态环境保护思想之间的必然联系。

---

① 《睡虎地秦墓竹简》,文物出版社1978年版(平装本),第26页。

除了《田律》中这条醒目的规定,《法律答问》中还有一条材料也很值得我们重视:"者(诸)侯客来者,以火炎其衡厄(轭)。炎之可(何)?当者(诸)侯不治骚马,骚马虫皆丽衡厄鞅辕辕(革申),是以炎之。"意思是说,按照《秦律》的规定,东方六国的使者进入秦国之前,一律都要用火把来人所乘坐的马车上的衡轭熏烤一下。为什么要这样做呢?就是怕来人没有灭杀马身上的寄生虫,它们就会依附在车的衡轭或驾马用的绳索上,所以要用火熏之,目的是为了防止来人把依附在车上的寄生虫带进秦国。这就如同我们今天的海关卫生检疫制度一样,其环境保护的意图非常明显。这正和上文所提《周礼·秋官》中萍氏、赤发氏、蜩氏的职责相同,更好地反映了战国时期人们在这方面所做的工作。

无独有偶,在《仪礼·聘礼》中也有类似记载:"使者归,及郊,请反命。朝服载旜,禳乃入。"意思是使者出使外国回来的时候,要在国境外举行"禳祭",关于"禳祭",郑注曰:"禳祭名也,为行道累历不祥,禳之以除灾凶。"另据《周礼·春官》记载:"小祝掌小祭祀。将事、侯、禳、祷、祠之祝号,以祈福祥,顺丰年,逆时雨,宁风旱,弥灾兵,远辠疾。"可见,禳祭在古代是一种正式的礼仪,所以,禳祭也经常举行,《左传》对这方面的记载也有很多。

> 郊人助祝史,除于国北,禳火于玄冥、回禄,祈于四鄘。……七月,郑子产为火故,大为社,祓禳于四方,振除火灾,礼也。乃简兵大蒐,将为蒐除。(昭公十八年)
>
> 郑大水,龙斗于时门之外洧渊。国人请为禳焉,子产弗许,曰:"我斗,龙不我觌也。龙斗,我独何觌焉?禳之,则彼其室也。吾无求于龙,龙亦无求于我。"乃止也。(昭公十九年)

齐有彗星,齐侯使禳之。晏子曰:"无益也,只取诬焉。天道不谄,不贰其命,若之何禳之?且天之有彗也,以除秽也。"君无秽德,又何禳焉?若德之秽,禳之何损?(昭公二十六年)

这些文字说明在古代禳祭是一种和环境有关的祭祀,比如出使归来、发生火灾、涨水、彗星等天象时往往要举行禳祭,在礼法并重的中国古代社会,这样的礼制规定,对于生态环境保护实践工作的规范化,必然能起到推波助澜的作用。

根据上述出土的法律条文和文献记载,可以证明中国古代的生态环境保护法律在战国末期已经初具规模,这是毫无疑问的。生态环境保护法律的制定,标志着中国古代的生态环境保护又迈上了一个新的台阶、上升到了一个新的高度。从此之后,中国古代的生态环境保护有法可依,这对更加有效地保护生态环境,无疑具有极为重要的意义。同时,它对于后世社会也产生了极为深远的影响,秦朝以后的各个王朝,基本上都有生态环境保护的相关法律,其来源无疑是战国末期的这些生态保护法规。

总之,在丰富的生态环境保护理论的指导下,生态环境的保护也开始付诸实践。和当时社会的发展状况、社会结构以及生态环境的日益恶化有关,生态环境保护的实践也在不断的尝试中逐步地深入,从生态官员的设置到生态禁令的颁布再到生态保护法律的形成,反映出我国古人为保护生态环境所付出的艰辛努力,也使我们看到了他们保护生态环境的真诚态度,这也正是我们今天所要学习和借鉴的。

结　语

　　形成并发展于周代的中国古代生态环境保护思想无疑是中国古人对整个世界文明的伟大贡献，而在其指导下进行的生态环境保护实践也可以说在当时世界上是独一无二的。由于这一时期生态环境保护思想的全面性，再加上中国古代思想文化的延续和传承，周代的生态环境保护思想对后世社会产生了深远的影响，之后的历代王朝都认识到了保护生态环境的重要性，都制定了保护生态环境的法令法规，在客观上都起到了保护生态环境的作用。

　　正是因为这样，中国古代的生态环境保护思想及实践引起了众多国外学者的极大兴趣，在西方先进的现代科技无法或者很难解决当今世界的生态环境问题时，很多西方学者把目光投向中国古代，他们希望从两千多年之前的中国古代丰富的生态智慧中受到启发，以解决今天日益严重的生态环境问题，由此可见中国古代生态环境保护思想的合理性和先进性。连西方学者都如此关注中国古代的生态环境保护实效，我们自己更应该格外重视它，并下大力气展开对它的研究，如果我们自己都不清楚它的内容并给它一个客观的评价，并使之发扬光大。那么在汗牛充栋的史料面前，我们将会无地自容、愧对祖先。因此，我们很有必要对周秦时代的生态环境保护思想展开一次全面、深入的发掘和研究，以深化我们对它的认识和理解，使其在今天仍然能够发挥重要的作用。

　　周代的生态环境保护思想主要有以下三个特点。

　　一是内容的全面性。周代的生态环境保护思想涉及的范围十分广泛。无论是飞禽走兽、鱼虾虫鳖，还是林木草丛、山川河流，只要是生长于整个生态系统之间的因素，都在其讨论、保护范围之内。当时的思想家们不仅探讨了人类和这些生态资源息息相关的联系，还认识到了它们彼此之间的相互影响、相互作用的关系。除此之外，还认识到人类自身的活动如生产、战争、消费、外交等活动对生态环境的影响，并制定了相关的规定采取了一定的措施来保护生态环境。这种对生态环境的全方位考虑，充分反映了古人对人与自然关系的深刻认识和理解，这是非常值得我们今天学习的。

二是社会的广泛性。在周代，随着社会生产的发展，人类对生态环境的影响越来越大，于是产生了早期的生态环境问题。由于对生态环境重要性的充分认识，生态环境问题也成为一个社会普遍关注的焦点问题，所以参与这个问题讨论与研究的队伍十分庞大，他们中间既有政治家，也有思想家。尤其是在战国时期，旨趣不同、争论不休的诸子百家都对生态环境问题表现出了极大的关注，在生态环境保护这个局部领域也出现了百家争鸣的现象，大大地丰富了中国古代生态环境保护思想，并有力地推动了古代生态环境保护思想的发展和成熟。

三是时代的局限性。尽管周代的生态环境保护思想蔚然成风，但是它在很大程度上仅仅局限于思想界和政界。这是由当时思想家、政治家的局限性所造成的，因为他们更多地把希望寄托在统治者身上，期待通过政府行为把自己的思想付诸实践，如《管子·轻重甲》篇有一句很有代表性的话："故为人君而不能谨守其山林菹泽草莱，不可以立为天下王。"正是基于这样的考虑，使当时的思想家走入了一个误区，即想通过自上而下的办法来解决当时社会的生态环境问题。在这种思想的指导下，他们忽视了对社会大众的生态环境教育，因此在他们所提出的种种保护生态环境的建议中，始终不见通过教育提高全民的生态环境保护意识的内容。而人民群众,却恰恰是保护生态环境的重要力量,生态环境保护是全社会的事情,它绝不是靠几个人的努力就能做到和实现的。事实也证明,尽管周代的思想家尽了很大的努力,提出了种种设想、方案,但最终没有能够阻止当时生态环境的恶化,这与他们出发点的错误有极大关系。

但是我们绝不能因此而否定周代生态环境保护思想在中国历史上的重要地位。作为中国古代思想文化的源头时期,产生于这一时期的生态环境保护思想毫无疑问对后世产生了深远的影响,如《吕氏春秋》中的生态环境保护思想,几乎被汉代思想家全盘照搬过来,如在汉代著作《淮南子》中有大量的生态环境保护思想的内容,而它们基本上是参考了《吕氏春秋》的结果,或者说是对它的继承,汉代如此,其后王朝也大都继承了前世的生态环境保护思想。

同时,自汉代以后,中国古代的历代王朝,基本上都设置有管理生态环境的机构和官员,这无疑是得益于周代生态环境保护的做法。更为重要的是,周代生态环境保护法制化建设的成功,为后代社会提供了一个极为重要的蓝本,之后的各个王朝,历代相承,大部分都制定了生态环境保护的相关法律。如果没有周代生态环境保护的立法实践,中国古代的生态环境保护法制建设大概还需要一个漫长的摸索过程。所以周代的开创之功,绝对不能忽视。

尽管周代生态环境保护的理论和实践在中国古代思想史乃至法制史上具有不可替代的重要作用,尽管它得到了许多西方学者的格外关注,但是我们决不能因此而得意忘形、忘乎所以。我们首先要做的是冷静,只有冷静,才能使我们理智地去探讨周代生态环境保护的思想内容,才能使我们能够客观地去评价周代生态环境保护的理论和实践在保护生态环境方面到底发挥了多大的作用。然后才能从中有所借鉴,以指导我们今天的生态环境保护工作。

新中国成立以来，历代领导人都十分重视生态环境保护工作。随着近些年经济的飞速发展，我国政府更是认识到保护生态环境的重要性，如目前在全国范围内展开的"深入学习实践科学发展观"就是一个典型的反映。胡锦涛总书记在党的十七大报告中强调，促进国民经济又好又快发展，必须"加强能源资源节约和生态环境保护，增强可持续发展能力"。他还进一步指出："坚持节约资源和保护环境的基本国策，关系人民群众切身利益和中华民族生存发展。必须把建设资源节约型、环境友好型社会放在工业化、现代化发展战略的突出位置，落实到每个单位、每个家庭。要完善有利于节约能源资源和保护生态环境的法律和政策，加快形成可持续发展体制机制。落实节能减排工作责任制。开发和推广节约、替代、循环利用和治理污染的先进适用技术，发展清洁能源和可再生能源，保护土地和水资源，建设科学合理的能源资源利用体系，提高能源资源利用效率。发展环保产业。加大节能环保投入，重点加强水、大气、土壤等污染防治，改善城乡人居环境。加强水利、林业、草原建设，加强荒漠化石漠化治理，促进生态修复。加强应对气候变化能力建设，为保护全球气候作出新贡献。"

理论上如此，实践上更是如此，2006年，国家环保总局共叫停了200多项对生态环境不利的工程项目，之后的近三年，年年都有大量的对生态环境不利的项目被叫停。在地方，被地方环保局叫停的项目更多。这些现象充分反映了我国政府在保护生态环境方面的决心和力度。而客观存在的大量破坏环境、污染环境的现实，又说明生态环境保护工作任重而道远。因此，充分发扬中国古代保护生态环境的优良传统，唤醒民众的生态环境保护意识，是一件迫在眉睫而又意义重大的事情。

参考书目

[1]《尚书正义》,《十三经注疏》本,中华书局1980年版。

[2]《毛诗正义》,《十三经注疏》本,中华书局1980年版。

[3]《春秋左传正义》,《十三经注疏》本,中华书局1980年版。

[4]《周礼注疏》,《十三经注疏》本,中华书局1980年版。

[5] 周振甫:《周易译注》,中华书局1991年版。

[6](清)王聘珍:《大戴礼记解诂》,中华书局1983年版。

[7](清)朱彬:《礼记训纂》,中华书局1996年版。

[8] 杨天宇:《周礼译注》,上海古籍出版社2004年版。

[9](汉)赵晔:《吴越春秋》,江苏古籍出版社1999年版。

[10] 郦道元著,王先谦校:《水经注》,巴蜀书社1985年版。

[11] 方诗铭、王修龄:《古本竹书纪年辑证》,上海古籍出版社1981年版。

[12]《国语》,上海古籍出版社1998年版。

[13](西汉)刘向:《战国策》,上海古籍出版社1998年版。

[14](汉)司马迁:《史记》,中华书局1959年版。

[15] 吴则虞:《晏子春秋集释》,中华书局1962年版。

[16] 中国社会科学院考古研究所编:《殷周金文集成》,中华书局1984年版。

[17] 袁珂:《山海经校注》,上海古籍出版社1980年版。

［18］贾二强校点：《逸周书》，辽宁教育出版社1997年版。

［19］（清）陈立：《白虎通疏证》，中华书局1994年版。

［20］（清）黄汝成：《日知录集释》，上海古籍出版社1985年版。

［21］《睡虎地秦墓竹简》，文物出版社1978年版（平装本）。

［22］高明：《帛书老子校注》，中华书局1996年版。

［23］杨伯峻：《论语译注》，中华书局1980年版。

［24］焦循：《孟子正义》，中华书局1987年版。

［25］孙诒让：《墨子间诂》，中华书局2001年版。

［26］黎翔凤：《管子校注》，中华书局2004年版。

［27］（清）王先谦：《荀子集解》，中华书局1988年版。

［28］（清）王先谦：《庄子集解》，上海书店1986年版。

［29］（清）王先慎：《韩非子集解》，中华书局1998年版。

［30］蒋礼鸿：《商君书锥指》，中华书局1986年版。

［31］王利器：《吕氏春秋注疏》，巴蜀书社2002年版。

［32］杨伯峻：《列子集释》，中华书局1979年版。

［33］何宁：《淮南子集释》，中华书局1998年版。

［34］王利器：《新语校》，中华书局1986年版。

［35］王利器：《盐铁论校注》，中华书局1992年版。

［36］姜建设：《周秦时代理想国探索》，中州古籍出版社1998年版。

［37］常金仓：《穷变通久：文化史学的理论与实践》，辽宁人民出版社1998年版。

［38］邓云特：《中国救荒史》，北京出版社1986年版。

［39］甄尽忠：《先秦社会救助思想研究》，中州古籍出版社2008年版。

［40］王子今：《秦汉时期生态环境研究》，北京大学出版社

2007年版。

[41] 方克立主编：《走向二十一世纪的中国文化》，山西教育出版社1999年版。

[42] 葛剑雄：《西汉人口地理》，人民出版社1986年版。

[43] 葛剑雄主编，吴松弟著：《中国人口史》（第3卷），复旦大学出版社2000年版。

[44] 葛剑雄：《中国人口史》（第1卷），复旦大学出版社2005年版。

[45] 葛兆光：《中国思想史》，复旦大学出版社2001年版。

[46] 白寿彝总主编、苏秉琦主编：《中国通史》（第2卷）序言，上海人民出版社1994年版。

[47] 顾德融、朱顺龙：《春秋史》，上海人民出版社2001年版。

[48] 何星亮：《图腾文化与人类诸文化的起源》，中国文联出版公司1991年版。

[49] 何星亮：《中国图腾文化》，中国社会科学出版社1992年版。

[50] 侯外庐：《中国古代思想学说史》，辽宁教育出版社1998年版。

[51] 胡适：《中国中古思想史长编》，华东师范大学出版社1996年版。

[52] 黄其煦：《农业起源的研究与环境考古学》，《中国原始文化论集》，文物出版社1989年版。

[53] 《简帛研究》（第3辑），广西教育出版社1998年版。

[54] 翦伯赞：《先秦史》，北京大学出版社1988年版。

[55] 金景芳：《金景芳古史论集》，吉林大学出版社1991年版。

[56] 金鉴明、王礼嫱、毛夏：《自然环境保护文集》，中国

环境科学出版社 1992 年版。

[57] 李玉洁:《先秦诸子思想研究》,中州古籍出版社 2000 年版。

[58] 李约瑟:《中国科学技术史》(第 2 卷),上海古籍出版社 1990 年版。

[59] 李学勤主编:《中华文化通志》,齐文心等撰:《商西周文化志》,上海人民出版社 1998 年版。

[60] 李学勤主编:《中华文化通志》,吕文郁撰:《春秋战国文化志》,上海人民出版社 1998 年版。

[61] 乐爱国:《道教生态学》,社会科学文献出版社 2005 年版。

[62] 林惠祥:《文化人类学》,商务印书馆 1934 年版。

[63] 刘起釪:《尚书说略》,《经史说略——十三经说略》,北京燕山出版社 2002 年版。

[64] 罗桂环、王耀先等:《中国环境保护史稿》,中国环境科学出版社 1995 年版。

[65] 蒙文通:《周秦少数民族研究》,龙门联合书局 1958 年版。

[66] 钱穆:《中国文化史导论》,商务印书馆 1994 年版。

[67] 曲格平、李金昌:《中国人口与环境》,中国环境科学出版社 1992 年版。

[68] 陕西省考古研究所:《十年来陕西省文物考古的新发现》,《文物考古工作十年》,文物出版社 1990 年版。

[69] 任继愈:《中国哲学史》(第 1 册),人民出版社 1979 年版。

[70] 佘正荣:《生态智慧论》,中国社会科学出版社 1996 年版。

[71] 史念海:《河山集》,三联书店 1978 年版。

［72］史念海：《河山集》（第 2 集），生活·读书·新知三联书店 1981 年版。

［73］史念海：《河山集》（第 3 集），人民出版社 1988 年版。

［74］苏秉琦：《中国文明起源新探》，生活·读书·新知三联书店 1999 年版。

［75］汤一介：《国故新知：中国传统文化的再诠释》，北京大学出版社 1993 年版。

［76］（清）谭嗣同：《谭嗣同全集》，中华书局 1981 年版。

［77］童书业：《春秋左传研究》，上海人民出版社 1983 年版。

［78］王之佳、柯金良译：《我们共同的未来》，吉林人民出版社 1997 年版。

［79］王育民：《中国人口史》，江苏人民出版社 1995 年版。

［80］徐复观：《两汉思想史》（第 2 卷），华东师范大学出版社 2001 年版。

［81］杨伯峻：《列子集释》，中华书局 1979 年版。

［82］杨宽：《西周史》，上海人民出版社 1999 年版。

［83］杨宽：《战国史》，上海人民出版社 1955 年版。

［84］杨宽：《中国古代寝陵制度史研究》，上海人民出版社 2003 年版。

［85］杨宽：《杨宽古史论文选集》，上海人民出版社 2003 年版。

［86］杨向奎：《宗周社会与礼乐文明》，人民出版社 1997 年版。

［87］余谋昌：《生态哲学》，陕西人民教育出版社 2000 年版。

［88］袁清林：《中国环境保护史话》，中国环境科学出版社

1990年版。

[89] 张岱年：《文化与哲学》，教育科学出版社1988年版。

[90] 张全明、王玉德：《中华五千年生态文化》，华中师范大学出版社1999年版。

[91] 张岂之：《中国思想史》，西北大学出版社1989年版。

[92] 张之恒、周裕兴：《夏商周考古》，南京大学出版社1995年版。

[93] 张光直：《中国青铜时代》，生活·读书·新知三联书店1983年版。

[94] 张亚初、刘雨：《西周金文官制研究》，中华书局1986年版。

[95] 赵文林、谢淑君：《中国人口史》，人民出版社1988年版。

[96] 邹德秀：《中国农业文化》，陕西人民出版社1992年版。

[97] 周自强主编：《中国经济通史》，《先秦经济卷》（下），经济日报出版社2000年版。

[98] 中国社会科学院考古研究所编：《殷周金文集成》，中华书局1984年版。

[99]《中华文化的过去现在和未来——中华书局成立八十周年纪念论文集》，中华书局1992年版。

[100]《中国军事史》编写组：《中国军事史：附卷 历代战争年表》，解放军出版社1985年版。

[101][英]阿诺德·汤因比：《人类与大地母亲》，徐波等中译本，上海人民出版社2001年版。

[102][日]池田大作，[意]贝恰：《二十一世纪的警钟》，卞立强中译本，中国国际广播出版社1988年版。

[103][美]R.卡逊：《寂静的春天》，吕瑞兰、李长生中译

本，科学出版社 1979 年版。

［104］［美］希拉里·弗伦奇：《消失的边界——全球化时代如何保护我们的地球》，李丹中译本，上海译文出版社 2002 年版。

［105］［美］弗·卡特、汤姆·戴尔：《表土与人类文明》，庄峻等中译本，中国环境科学出版社 1987 年版。

［106］［圭亚那］施里达斯·拉夫尔：《我们的家园：地球——为生存而结为伙伴关系》，夏堃堡中译本，中国环境科学出版社 1993 年版。

［107］［法］涂尔干：《乱伦禁忌及其起源》，汲喆等中译本，上海人民出版社 2003 年版。

［108］［美］E. 哈奇：《人与文化的理论》，黄应贵、郑美能中译本，黑龙江教育出版社 1988 年版。

［109］［美］罗伯特·F. 莫菲：《文化和社会人类学》，吴玫中译本，中国文联出版公司 1988 年版。

［110］［英］拉德克利夫·布朗：《社会人类学方法》，夏建中中译本，山东人民出版社 1988 年版。

［111］［美］罗伯特·罗维：《初民社会》，吕叔湘中译本，商务印书馆 1936 年版。

［112］［美］威廉·费尔丁·奥格本：《社会变迁——关于文化和先天的本质》，王晓毅、陈育国中译本，浙江人民出版社 1989 年版。

［113］［英］爱德华·泰勒：《原始文化》，连树声中译本，广西师范大学出版社 2005 年版。

［114］［苏联］C. A. 托卡列夫等：《澳大利亚和大洋洲各族人民》（上册），李毅夫等中译本，三联书店 1980 年版。

［115］［苏联］谢·亚·托卡列夫：《世界各民族历史上的宗教》，魏庆征中译本，中国社会科学出版社 1985 年版。

[116][英] 马林诺夫斯基:《巫术科学宗教与神话》,李安宅中译本,中国民间文艺出版社 1986 年版。

[117][法] 倍松:《图腾主义》,胡愈之中译本,上海文艺出版社影印本 1990 年版。

[118][法] 埃米尔·迪尔凯姆:《社会学方法的规则》,胡伟中译本,华夏出版社 1999 年版。

[119][美] 埃克霍姆:《土地在丧失》,黄重生中译本,科学出版社 1982 年版。

[120][美] 路易斯·亨利·摩尔根:《古代社会》,杨东莼等中译本,商务印书馆 1977 年版。

[121] 卡尔·雅斯贝斯:《智慧之路》,柯锦华等中译本,中国国际广播出版社 1988 年版。

[122][美] 史华慈:《关于中国思想史的若干初步考察》,张永堂中译本,载《中国思想与制度论集》,台北联经出版事业公司 1977 年版。

[123][奥地利] 弗洛伊德:《图腾与禁忌》,杨庸一中译本,中国民间文艺出版社 1986 年版。

[124] 恩格斯:《家庭、私有制和国家的起源》,《马克思恩格斯选集》(第 4 卷),人民出版社 1972 年版。

[125]《马克思恩格斯全集》(第 20 卷),人民出版社 1979 年版。

[126]《马克思恩格斯全集》(第 42 卷),人民出版社 1979 年版。

[127]《马克思恩格斯全集》(第 3 卷),人民出版社 1960 年版。

[128]《马克思恩格斯全集》(第 26 卷),人民出版社 1979 年版。

[129][美] 唐纳德·沃斯特:《自然的经济体系——生态思

想史》，侯文蕙中译本，商务印书馆 1999 年版。

[130][美] J. 唐纳德·休斯：《什么是环境史》，梅雪芹中译本，北京大学出版社 2008 年版。

[131][日] 岩佐茂：《环境的思想：环境保护与马克思主义的结合处》，韩立新等中译本，中央编译出版社 2006 年版。

[132][德] 约阿希姆·拉德卡：《世界环境史》，王国豫、付天海中译本，河北大学出版社 2004 年版。

[133] 张世英：《天人之际：中西哲学的困惑与选择》，人民出版社 1995 年版。

[134] 姬振海：《生态文明论》，人民出版社 2007 年版。

[135] 杨涌进、高予远：《现代文明的生态转向》，重庆出版社 2007 年版。

[136][美] 詹姆斯·奥康纳：《自然的理由：生态学马克思主义研究》，唐正东、臧佩洪中译本，南京大学出版社 2003 年版。

[137][苏联] H. T. 弗罗洛夫：《人的前景》，王思斌中译本，中国社会科学出版社 1989 年版。

[138][英] 安德鲁·古迪：《人类影响——在环境变化中人的作用》，郑锡荣等中译本，中国环境出版社 1989 年版。

后 记

这本小书是在我博士论文的基础上经过认真修改而成的，这也是我第一本个人专著，因此，在得知它获准出版的消息后，我十分高兴。兴奋之余，回顾这些年的求学历程，感慨颇多，首先涌上心头的是油然而生的感谢之情。

首先感谢导师姜建设教授。2003年，我考入郑州大学历史学院，师从姜老师攻读博士学位。姜老师为人正直，做事认真，学识渊博，思想敏锐，生活中对学生十分和善，学业上对我们严格要求。三年之中，他不仅在学业上给予我认真、无私的指导，还在做人上教会了我许多。他的耐心指导，语重心长，使我茅塞顿开，有所领悟，也使我不敢有丝毫懈怠，唯有刻苦钻研。在选定博士学位论文题目的过程中，我和姜老师反复斟酌，多次讨论，最终确定了这个题目。之后从论文的提纲到内容，姜老师多次提出指导性的建议，使我顺利地完成了学位论文的撰写和答辩。博士论文通过答辩后的两三年间，他总是叮嘱我要认真修改，尽快出版。我谨记师嘱，在毕业后三年多的时间里，始终没有间断学位论文的修改、补充工作。这本小书能够出版，首先应归功于姜老师，这是他精心教导的结果！

其次要感谢郑州大学历史学院杨天宇、王蕴智、王星光三位教授、河南师范大学孙景峰教授和新乡学院李延明教授，在三年的学习及论文撰写过程中，他们给予了很多关心和指导。他们的渊博学识，卓越见解，热情帮助，使我受益匪浅。同时十分感谢论文答辩委员会主席彭林先生以及评委李振宏、史建群、张民服等先生，在论文答辩过程中，各位先生都提出了极有价值的修改意见，促进了学位论文的进一步完善和修改。

还要感谢同一师门的张文安、甄尽忠、杨颉慧、刘明及同届学友程政举、王长丰、范志军、张应桥、朱思红等博士，三年的学习生活中，我们互相探讨、互相交流，共同品尝了读书的苦与乐，建立了深厚的友谊，也使我增加了很多知识，得到了很多启发。

感谢攻读硕士时的同门师弟晁天义博士，正是在他的建议和帮助下，使我有勇气把书稿投给了中国社会科学出版社，并且得以出版。中国社会科学出版社第一编辑室主任郭沂纹女士为本书的出版付出了很多辛苦的劳动，也给予了很多鼓励，给了我信心。感激之情，一言难尽，在此致以诚挚的感谢！

新乡学院历史系主任李景旺教授为了支持我攻读博士学位，在工作方面给予了合理的安排和照顾，为我解除了后顾之忧，使我能够安心读书，并顺利完成学业，在此致以衷心的谢意。

最后要感谢妻子郭桂花，新婚半年，我就奔赴陕西师范大学攻读硕士学位，毕业三年后，又到郑州大学攻读博士学位。这些年来，她既要操持家务，抚养幼子，还要做好工作，十分辛苦。但她任劳任怨，毫无怨言。没有她辛勤的付出和不断的鼓励，我很难顺利完成学业。

感谢所有关心、支持我的朋友、同事们！

李金玉
2010 年 3 月 16 日